特禽高效饲养与疾病防治7日通

刘晓颖　刘继忠　主编

中国农业出版社

编 写 人 员

主　　编　刘晓颖　刘继忠

编写人员　何艳丽　姚志利　王达荣

刘晓颖　刘继忠

7日通

前　言

发展农业养殖是当前和今后的一项基本国策。特禽养殖业是农业养殖业中的组成部分，近年来，既有集约化规模饲养，也有小规模养殖户饲养。其投资少，见效快；成本低，效益高。可以观赏、食用、药用，具有独特的风味。

目前我国特禽养殖业包括鹌鹑、肉鸽、雉鸡、乌骨鸡、火鸡、野鸭、珍珠鸡等品种。本书结合我国特禽饲养方式及生产实际进行了系统阐述，内容涵盖了特禽的经济价值、饲养与管理、饲料与营养、日粮配制及疾病防治等多个方面，以供特禽养殖技术人员参考。

本书编写过程中参考、引用了有关特禽的最新研究报告及论述，在此对原作者表示深切的谢意。因编者水平有限，加之时间仓促，如有不当之处，敬请广大读者、同仁批评指正。

编　者

2011年11月

7日通

目　录

7日通——第一讲

我国特禽养殖现状与发展方向

本讲目的

1. 了解特禽养殖的品种。
2. 了解特禽养殖的状况。

第一节　我国特禽养殖

一、特禽的概念

特禽是特种经济禽类的简称，是指那些已经驯化成功、尚未在生产中广泛应用、未被国家认定为家禽的经济禽类。特禽的肉质营养价值高，具有高蛋白、低脂肪、低胆固醇和独具风味的特点，有些特禽的肉、骨、内脏还具有一定的药用价值，特禽的羽毛和毛皮可加工成工艺装饰品或作为轻工产品的原料。近年来，随着我国人民生活水平的提高和国际贸易的不断发展，国内外市场对特禽独特风味的需求量日趋增加，特禽养殖业目前已成为农业养殖的重要组成部分。

二、特禽养殖

目前我国饲养的特禽品种主要有：鹌鹑、肉鸽、雉鸡、乌骨鸡、火鸡、野鸭、鹧鸪、珍珠鸡、鸵鸟、蓝孔雀、番鸭等。

近30年来，我国特禽养殖业历经多次波折后，养殖数量仍持续增加。据统计，目前我国的特禽存栏总量已超过亿只，国内珍禽养殖场已达6 000多家。特禽业的发展既丰富了市场供应，满足不同消费层次的需求，也给广大农民带来了可观的经济收入。下面简要介绍肉鸽等特禽养殖现状。

1. *鹌鹑养殖*　鹌鹑由野鹑驯化而来，是特禽业中最小的品种。鹌鹑驯化历史相对较长，是世界各国公认的特禽之一。鹌鹑生产较发达的国家除我国外，还有日本、朝鲜、美国、法国、意大利、俄罗斯、爱沙尼亚和澳大利亚等国。我国的鹌鹑养殖业经过几十年的发展，我们不仅引用了新的蛋用、肉用型家鹑品种，而且还建立了专门的种鹑生产基地，养殖户也大规模地发展起来，饲养量约有2亿只，占全世界的1/5，已经成为世界第一养鹑大国。家鹑产品除了供应高级酒店、饭店之外，还被加工成罐头、松花皮蛋等，深受消费者的喜爱。鹌鹑饲养业是一项投资规模小、产值高、资金周转快、经济效益高的养殖业，它具有强大的生命力和广阔的发展前景。

2. *肉鸽养殖*　我国养鸽业历史悠久，在20世纪80年代得到长足发展，特别是90年代以后，我国养鸽业进入了快速发展的时期，大规模万对以上种鸽的肉鸽场不断涌现，中小规模（几百对至几千对）的鸽场更是数不胜数，肉鸽从零星、无序的生产状态逐步转变到商品化生产、产业化经营轨道上来，并开始出现了肉鸽加工企业。2008年我国肉鸽存栏突破5 000万对，年产商品乳鸽7亿只以上，在广东、广西、海南、安徽、江苏、上海等地已建成多个肉鸽养殖生产基地。我国现有肉鸽品种资源十分丰富，总计20余种，分布于不同地区，有着各自的品种特性。国内饲养的肉鸽品种繁多，但有些品种因养殖者和其他因素的影响（如引种成本过高、留种群体数目较小、近交繁殖等），已呈现出鱼目混珠之态，出现了较为严重的退化现象；但仍存在一些有着鲜明品种特性的肉鸽品种，具有十分优异的生产性能，必将成为中国肉鸽业发展中不可或缺的宝贵财富。

3. 雉鸡养殖　雉鸡是一种经济价值较高的鸟类，具有观赏和食用价值，是世界上重要的狩猎禽和经济禽类之一。国外人工养殖雉鸡是从19世纪开始的，美国1881年从我国第二次引种驯养成功后，现在全年放到野外供狩猎用的雉鸡就达300万只以上；法国特种经济禽类饲养量最大的是雉鸡，所有注册的6 000多家特禽场中有3 000多家为专业性雉鸡饲养场，年产雉鸡400万只。我国是世界上雉鸡资源比较丰富的国家，中国农业科学院特产研究所于1982年对雉鸡进行人工驯化繁殖研究成功，1985年后推广普及。此后我国于1986年首次从美国内华达州引进雉鸡，并在上海、广东等地饲养成功，后又不断扩繁到其他地区，从20世纪90年代开始，雉鸡饲养热潮在我国逐渐形成，以北京、上海、广东、江苏等地的饲养量、销售量最大。近几年，上海雉鸡的饲养量达100万只以上，广东省目前有雉鸡场20多家，种雉鸡存栏量达11万只，我国的香港、澳门及东南亚国家每年需从我国内地购进大批雉鸡。因此，雉鸡已成为国内出口商品中的热门货之一。

4. 乌骨鸡养殖　乌骨鸡是我国传统创汇型项目，由于当今世界黑色食品潮流，已引起国内外市场的高度关注，同时随着中医药事业的迅速发展和人民生活水平的提高，作为传统中成药“乌鸡白凤丸”、“乌鸡精”等需求量不断增加，仅广东、香港两地乌骨鸡年需求就超过1亿只左右，这为乌骨鸡的生产提供了良好的发展空间。目前在我国的江西、江苏、上海、广东、福建、四川等地建立了乌骨鸡原种场或良种繁育场，白色丝毛乌骨鸡的原产地江西泰和县，不但建立了泰和乌骨鸡原种场，而且商品乌骨鸡的饲养量已超过千万只。

5. 珍珠鸡养殖　珍珠鸡原产于非洲。目前许多国家都在饲养，法国1980年就有珍珠种鸡75万只，年产量高达8 000多万只，是世界上饲养最多的国家。意大利饲养父母代珍珠鸡12万多只，年产量约1 000万只，在肉禽饲养中有1/3是珍珠鸡，原苏联培育出具有不同特点的珍珠鸡种群，注重食用蛋的生产，而法国和意大利则主要是向肉用生产方向发展。我国20世纪80年代开始引进法国珍珠鸡，1988年发展到50万只，目前不少地方，尤其是广东等地饲养较多。随着人们生活水平的提高，食物结构的改变，传统饲养的家禽已难以满足消费水平不断提高的需求。珍珠鸡具有野鸡风味，胸肌发达，瘦肉多，肉质细嫩，含有丰富的蛋白质和维生素。同时具有耐粗饲、适应性强、抗病强、易饲养的特点。

6. 番鸭养殖　番鸭起源于南美洲和中美洲的热带地区，因其头部两侧和脸部长有皮瘤又叫瘤头鸭。法国在过去10多年里，番鸭的产量从占整个鸭产量的20%提高到85%，番鸭在欧洲中部和南部的其他国家也日益受到消费者的欢迎。我国的福建、台湾、海南、江苏、江西和广东等地均有相当数量，福建一年生产番鸭苗多达1亿多只，并向全国各地推广。在江苏泰州市华东地区水禽示范基地建有番鸭祖代场，仅在该地区法国番鸭的年销量就达70万只以上。福建农业大学、江苏畜牧兽医职业技术学院成功地利用了番鸭作为父本与绍鸭、金定鸭等杂交，生产半番鸭（骡鸭）。

7. 野鸭养殖　狭义的野鸭专指绿头野鸭，是除番鸭以外所有家鸭的祖先，也是当前人们驯养的主要对象。绿头野鸭的种类多、分布广，欧、亚、非、美洲均有分布。在我国绿头野鸭迁徙及越冬时遍布全国，在北方繁殖，常栖息于水浅而水生植物丰富的湖泊、沼泽地。在野鸭没有开始驯养以前，我国基本上是直接从自然界捕猎野鸭作为野味的来源，江苏的里下河地区、洪泽湖地区及江西的鄱阳湖地区野鸭较多，每年的捕杀量也相当大，但仍不能满足当前国内外市场的需求，长期的无计划捕猎对当地的自然生态环境有一定的负面影响。从20世纪70年代末80年代初，我国开始对野鸭驯养进行了研究，并取得一定的成效，在1980开始先后从德国、美国引进数批野鸭，进行繁殖、饲养、推广，适应性和饲养效果显著，公鸭与本地母鸭杂交后代仍保持野味。仅江苏省盱眙县种野鸭场饲养种鸭达1.2万套，商品代绿头野鸭饲养量在100万羽以上，深加工商品仔鸭近50万羽。

8. 鸵鸟养殖　鸵鸟是世界上现存最大的鸟。目前至少已有50多个国家和地区在发展鸵鸟养殖业，饲养量超过250万只，年屠宰70万只。国外鸵鸟养殖主要集中在南非、津巴布韦、澳大利亚和美国等，其中南非存栏鸵鸟约150万只，年屠宰鸵鸟约40万只，为世界提供一半以上的鸵鸟产品，并向世界出口育成的非洲黑种鸟和技术、设备。津巴布韦年屠宰2万只以上，澳大利亚年屠宰约1.5万只，育成的澳洲鸸鹋品种供出口；美国年屠宰鸵鸟约1万只，且出口种鸟；亚洲国家中泰国、马来西亚、印度尼西亚、日本、韩国都有饲养。我国鸵鸟养殖发展相对较晚，但发展迅速，1992年我国开始引种饲养，1996年全国有200家养殖场，存栏量达2万只。2005年，全国鸵鸟存栏为9.3万只（含2.6万只鸸鹋），其中青年鸟7.1万只（含2万只鸸鹋）；种鸟2.2万只（含0.6万只鸸鹋），年出栏商品鸟20万只以上。

第二节　我国特禽养殖业面临的问题及发展对策

随着社会经济和科学水平的不断发展，我国特禽养殖已从无到有，从无序的分散饲养初步向专业化、规模化生产过渡，逐步进入由数量型向质量效益型过渡的新时期，由原来单一品种饲养向多个品种共存的养殖方向发展；经营模式也向国有、集体、股份制、独资等多体制并存发展，经营方向由单纯的特禽养殖向深加工方向发展，特禽业发展前景广阔，但目前还存在底气不足，主要表现以下几个方面。

一、特禽业发展面临的主要问题

1. 养殖的盲目性　我国特禽业的发展经历了不同阶段不同程度的发展、挫折和再发展。在发展之初特禽养殖的规模较小，货源紧缺，利润较大，致使养殖者只看到眼前的收益，盲目扩大养殖规模，导致产品严重过剩，养殖利润下降，甚至亏本，致使养殖数量骤减。随后又是新一轮的大规模养殖，形成了恶性循环。

2. 规模化程度低、技术力量薄弱　目前我国特禽养殖大多数是家庭、个体养殖，经营分散，未形成规模化生产，导致分散性的小规模生产与市场联系不足，产品不能联合进入市场，使养殖户缺乏抵御市场风险的能力，市场竞争力不足。同时，养殖人员大多是下岗职工或闲散人员，从业人员的素质低下，特禽生产的技术力量薄弱，配套性差。从禽种、饲料、设备到产品的加工，都是根据养殖户的经验来经营，没有突破与创新，特禽养殖的高效生产缺乏必要的技术条件。

3. 缺乏有效的管理和指导　特禽业发展的盲目性与行业缺乏有力的管理和指导是分不开的。在这种情况下，不少养殖户对特禽市场和自身条件认识不足，缺乏科学理性的分析，盲目跟风。虽然有关部门设有相关的专业协会，但这些机构缺乏特禽养殖的专业知识，不能准确把握市场前景，其管理和指导可能带有随意性。

4. “炒种”行为严重　由于特禽行业机制不健全，缺乏有效的管理与监督，一些企业或者个人利用人们急于致富的心理，采取免费或赊款供给禽种，制作出口贸易假订单，发布虚假广告，承诺高价回收产品等手段为诱饵，诱使养殖户高价购买禽种，敛财目的达成便拒绝回收，甚至人去楼空，致使养殖户血本无归，而且导致产品严重过剩，严重影响了我国特禽业的健康稳定发展。

5. 特禽品种退化　目前我国特禽业所养殖的品种大多是从国外引进的。如朝鲜鹌鹑、法国嘉乐珍珠鸡等。这些品种在推广和养殖过程中，没有进行有计划的品种选育，也未建立起原种场，养殖户自繁、自养、自留、自配导致品种退化，生产性能下降。在特禽养殖中，大多参考国外的饲养标准，使用普通禽类的配合饲料，致使特禽产出率低、肉质风味下降。

6. 特禽的疾病防疫水平需进一步提高　由于缺乏有力的管理和科学研究，导致特禽防疫检疫与安全卫生的监督不足。缺乏有效的免疫手段，致使一些传染病威胁着特禽业的健康发展，造成生态环境恶化。

二、发展建议和对策

特禽养殖是一项极具市场潜力和竞争优势的产业，为促进我国特禽养殖业健康、持续、稳定地发展，还需要多方面的重视和努力。

1. 政府积极指导，加强法制管理　地方政府要加强政策引导、预测市场需求，提供有效的市场信息和咨询服务。政府部门要做到明确责任，加大管理监督力度。扶持规模饲养，鼓励公司和农户联合经营，即采取“公司＋农户”、“公司＋基地＋农户”的经营方式，培育发展龙头企业，建设规模化商品基地，实施品牌战略，以独特的产品优势，占领国内外广阔市场。为更好地规范特禽业市场，针对“炒种”行骗等不规范的市场行为，要加强法制管理力度。必须坚决打击那些以炒种、倒种为目的“特禽公司”，使不法经营者无机可乘，以减少和杜绝炒种等欺诈行为的发生，保护养殖户的权益，使我国特禽业沿着法制化、规范化的道路健康发展。

2. 强化品种选育　针对当前我国特禽养殖中存在的品种退化、生产性能差等问题，要加强品种管理和品种的更新和选育。引进新的特禽品种，对原有禽种进行改良、提高，开发利用品种资源。国家应加强种源基地的建设和管理，逐步建立起特禽良种选育场、种禽扩大繁殖场、特禽产品深加工场和良种繁育基地。同时要保证合理的营养水平和饲料配方，根据不同特禽生理、生产需要，加强饲料的营养水平研究，进行科学喂养。

3. **增强规模化、产业化建设，提高技术水平** 要实现高效、优质的特禽业，就需有相当的规模，这就要采用合作联营或合资的方式，实现生产、加工和销售的规模化、产业化的生产经营，打破一家一户分散养殖经营的局面，以提高养殖效率，降低养殖成本，加大产业化建设。要以市场为导向，培养和拓宽市场，加强技术创新，开发新品种，重视特禽产品的质量。另外，要依靠科技，实行科学管理，进行新品种或品系的培育及配套生产技术、饲料、药物与疫病防治等研究，采用先进、科学、有效的配套生产技术，提高特禽养殖的水平。与时俱进，不断进行科技创新，促进特禽业的可持续发展。

4. **倡导特禽无公害生产，提高特禽产品的安全性** 我国从2001年10月1日起，实施73项无公害农产品行业标准，对食用农产品实行从“田头、养殖场到餐桌”全程质量监控，建立特禽养殖小时HCCP管理体系，保证特禽产品的安全。

5. **加强疫病防治，实现安全生产** 各级兽医卫生防疫部门应加强监督执法，指导特禽养殖场做好从引种、养殖、加工到销售的全过程的检疫、防疫、卫生消毒，做好产品的质量安全检验，以保证产品符合质量安全标准。同时，建立一个统一规范的特禽业兽药市场，也是保障产品卫生安全的有效途径。

特禽业是一项具有市场潜力的产业，虽然当前存在各种问题，但如果能引起各方面的关注和重视，加强政府引导与管理，推进其产业化发展，提高技术水平，保证特禽产品质量与卫生安全，特禽业就能健康、稳定有序地发展，为提高人民生活水平，加快我国经济发展作出贡献。

重点难点提示

1.特禽的引种。

2.特禽的安全生产。

7日通——第二讲
特禽的生产经营

本讲目的

1. 掌握特禽生产及饲养管理技术。
2. 掌握特禽的经营模式。

第一节　特禽生产

一、特禽生产的概念

用现代劳动手段和科学技术来装备特禽业，用现代经济管理的方法科学组织和管理特禽业，实现特禽业内部的专业化和各个环节的社会化；合理利用特禽的种质资源和饲料资源，建立合理的特禽业生产结构和生态系统，不断提高劳动生产率、特禽产品的产品率和商品率，达到特禽业高产、优质、低成本。现代化特禽业应该表现为高的生产效率和生产水平。

二、几种现代化饲养管理技术

1. “全进全出”制　商品特禽生产要求采用全进全出制的饲养制度，它是保证特禽健康，减少传染病发生的重要措施之一。全进全出指在同一范围内只进同一批雏，饲养同一日龄的特禽，并且在同一天全部出场，出场后彻底打扫、清洗、消毒、空置。

在商品特禽生产中至少要做到一幢特禽舍实行“全进全出”。

2. 公、母分群饲养制　由于公、母特禽在营养需要、生长速度和饲料转化率方面的差异。采取公、母分群饲养后，可使同一群体个体间差异减小，均匀度和产品的规格化水平提高。

3. 种特禽笼养及人工授精技术　种特禽笼养具有增加饲养密度，提高均匀度，便于人工控制环境条件等优点，目前鹌鹑、肉鸽、鹧鸪、珍珠鸡等特禽已广泛采用笼养。实行笼养也为特禽人工授精提供了可能，使用人工授精可以克服留种公禽多、配种困难等缺点。

4. 分阶段饲养　根据特禽不同的生长发育阶段，采取不同的饲养管理，特别是营养物质的提供，从而使特禽发挥最大的生产潜能和降低生产成本。

5. 限制饲喂，控制体重　主要是针对留种特禽在育成期阶段。特禽育成期饲养的关键是控制体重，以使其骨架充实，发育良好，防止过肥。因此，从育成期开始，每两周称重一次。抽样时随机抽取全群的5%，与参照标准体重对照，对体重低于标准的要分群饲养使其达到标准体重，体重超标的要进行限制饲喂，减缓饲料的增加速度。

6. 人工强制换羽　种特禽采取人工强制换羽的主要目的是让种特禽有一个休息的机会，让长期产蛋的特禽体质得以恢复，以便更好地利用下一个产蛋期，提高种蛋合格率、受精率、孵化率和健雏率。

第二节　特禽业的经营

一、特禽业的生产形态

特禽业的生产形态包括劳动密集型、资本密集型、知识技术密集型。国外发达国家特禽业多为集约化经营，以资本密集型和技术密集型为主，集中表现为机械化操作和大量资金与能源的投入，因此劳动效率较高。在我国由于土地租金和劳动力廉价，商用特禽生产仍以劳动密集型生产为主，部分种特禽生产则以资本密集型为主，如20世纪90年代中期在我国出现的鸵鸟炒种热，引进的国外种鸵鸟和养殖设施则需要雄厚的资金实力，给企业带来丰厚利润的同时，也存在高风险。针对我国特禽养殖小规模、大群体的局面，今后相当长的时间内仍以劳动密集型养殖为主。

二、特禽业的经营模式

在我国特禽养殖业的经营模式多种多样，国有、集体、个体并存，随着国有、集体养殖企业改制的不断深化，民营、股份制企业的比重越来越大。

1. 养殖户独立经营（以家庭为单位） 目前这种经营模式在我国占很大比重。优点是责任心强，能取得较好的经济效益；缺点是信息不灵，对市场把握不够。

2. “经纪人＋养殖户” 这种形式在一定程度上缓解了养殖户联结市场的困难，但由于建立在彼此分散经营的基础上，经纪人本身实力有限，抗御市场风险能力弱，加上经纪人和养殖户间无合同契约关系，属于“随行就市”、“场头收购”、“小商小贩”等松散的经营方式，随时会因市场价格波动而出现利益矛盾，因而不容易实现对市场的有效连接，不可能构成我国特禽产业化经营发展的主流。

3. “公司＋养殖户” 这种形式突出体现在“公司”的龙头作用上。由于龙头企业与养殖户有着较密切的联系，是具有公司性质的经济实体，具备了市场开拓能力，经营管理能力和拥有一批营销人才，在抗御市场风险方面有一定的能力。养殖户根据公司订单实行特禽产品生产与调节，这对促进特禽产业升级、特禽品种、结构调整有较好的作用。不过，这种方式因其内存在利益关系的非理性约束，使公司和养殖户之间不易形成长期稳定的合作关系。克服这种经营形式的局限性关键在于保持龙头企业与养

殖户关系在整个养殖业产业链中的相对稳定性，用稳定的利益纽带联结，使他们真正形成“利益共享”、“共担风险”的利益共同体。目前，围绕解决这个问题，“公司＋养殖户”出现两种变化组合：第一是“公司＋基地＋养殖户”，这种形式以基地作为联结点，实行基地化、集约化生产；第二是“市场（国内外）＋公司＋基地＋农户”，这种形式突出了市场的导向作用，其优势在于通过公司稳定的市场销售渠道，提供稳定的利润来源，为稳定公司和养殖户的关系提供了保障。

4. 以“股份制”为主体的贸工农一体化　这种经营模式的基本内容主要特征是以资产为联结纽带，在谋求共同发展的基础上形成养殖业产前、产中、产后诸环节，企业和养殖户在经济上、组织上的某种形式协作或联合。资产的联结使这些合作经济组织中的企业和养殖户双方建立稳定的长期合作关系，因而可以减少中间层次，节省交易费用，提高生产效率。由于这些组织形式是通过资本纽带的经营组织形式，它克服了前几种形式存在的不稳定因素，与市场关系紧密，具备了农产品生产、加工、销售一体化的特征，但这种经营模式要求具有较高的经营管理能力和内部监管能力。

三、科学投资策略

1. 选择符合自身条件的特禽饲养品种　所谓自身条件，包括种源、技术、场地、资金、人员、饲料、水电、交通、销售等多方面因素。掌握和了解科学养殖信息固然很重要，但要避免盲目地听信宣传、广告和承诺，还要认识到，做任何一件事情，都存在着一定的风险。严格地讲，目前不存在一定能完全盈利的特禽养殖品种，任何人也不能完全保证饲养何种特禽盈利，即使短期高效益的特禽品种，也不可能长期（3～5年）保证盈利。因为它受到包括社会、市场、养殖条件、科技水平等多方面的影响。所以，要想使特禽养殖取得更好的效益，必须根据自身条件踏踏实实、长期不懈地做好各项工作。

2. 引进先进科学技术和人才　这是特禽养殖健康发展的重要保证和提高经济效益的重要手段。由于野禽和家禽饲养有一定差异，要求所从事特禽养殖的专业人才要具备相适应的科学知识（可通过学校、培训解决）。再者由于特禽的生物学特性，临床以营养代谢病为主（可达发病总数的30%～70%）。所以，特禽养殖场技术人员应做到畜牧、兽医知识兼备。

3. 降低特禽养殖成本　饲料成本一般占特禽养殖生产成本的70%左右，降低饲料成本最有效的措施是根据当地条件，开发和研究各种饲料资源，特别是蛋白质饲料。

4. 客观安排资金在各项特禽养殖生产中的投资比例　特禽养殖生产的资金安排应根据实际情况投入，既要考虑到固定资产、饲料、人工、设备等专项支出，又要留有一部分后备资金（建议一般按总投入资金5%～10%的比例存留）；此外，尽量压缩固定资产（房舍、水电、道路、围墙等）投资，增加特禽饲养（种禽、饲料）的投资比例，在可能的情况下尽量安排饲养周期短、资金回笼快的特禽品种或后备、成龄种禽饲养。

5. 广泛开辟特禽及产品的销售渠道　特禽及产品的销售渠道在建场前应做好市场调查，防止盲目上马。

重点难点提示

特禽生产的投资策略与宏观形式。

7日通——第三讲

常见特禽及饲养管理技术

本讲目的

1. 掌握常见的特禽品种。
2. 掌握特禽的饲养管理技术。

第一节 雉　　鸡

一、雉鸡的品种和经济价值

（一）雉鸡的品种介绍

雉鸡（*Piasianus colchicus*）是鸟纲、鸡形目、雉科的重要猎禽和经济鸟类之一，又称环颈雉、山鸡、野鸡等，在我国养殖的主要有以下几个品种。

1. **中国环颈雉鸡**　中国环颈雉鸡又叫美国七彩雉鸡或七彩山鸡，该品种外貌特征为：体型较大、饱满，公雉鸡头部眶上无白眉，白色颈环较细，且不完全，在颈腹部有间断，胸部羽毛红褐色比较鲜艳。母雉鸡腹部羽毛灰白色，颜色较浅。成年公雉鸡体重1.5～1.8千克，成年母雉鸡体重1.0～1.4千克。

2. **河北亚种雉鸡**　该品种雉鸡是由中国农业科学院左家特产研究所于1978—1989年，通过野生河北亚种雉鸡进行人工驯养繁殖经选育而成的，又叫地产雉鸡。该品种的外貌特征为：公

图 3-1 中国环颈雉鸡

雉鸡头部两眼睑有明显白眉，白色颈环较宽且完全闭合，胸部为褐色，体型细长。母雉鸡体形纤小，腹部为黄褐色。这种雉鸡飞翔能力强，能在短时间内适应放养环境，是旅游狩猎场的首选品种。成年体重公、母雉鸡分别为 1.2～1.5 千克和 0.9～1.1 千克。种母雉鸡一般年产蛋量 26 枚左右。

3. *左家雉鸡* 该品种是中国农业科学院左家特产研究所于1991—1996 年通过高繁殖力的中国环颈雉鸡近两代杂交河北亚种雉鸡而培育出的新品种。公雉两眼睑有清晰的白眉，白色颈宽，但不太完整，在颈腹部有间断，胸部羽毛呈黄铜红色，上体棕色，腰部蓝灰色。母雉鸡上体呈棕黄色或沙黄色，下体呈灰白色。这种雉鸡野性小，繁殖力强，适合商品雉鸡场选用。成年公、母雉鸡体重分别为 1.5～1.7 千克和 1.1～1.3 千克。种母雉鸡年平均产蛋 62 枚左右。

4. *黑化雉鸡* 该品种是野生状态下的突变品种，也称孔雀蓝雉鸡。公雉的全身羽毛呈黑色，头顶、背部、体侧部和肩羽、覆翼羽均带有金属绿光泽，颈部带有紫蓝色光泽。母雉鸡全身羽毛呈黑橄榄绿色。其生产性能指标和肉质风味均与中国环颈雉鸡相近。

5. 浅金黄色雉鸡　多数学者认为它是中国环颈雉鸡和蒙古环颈雉鸡杂交后代的突变种。公雉鸡头顶和颈部呈灰黄色，瞳孔为黑色，全身披浅黄色羽毛，上缀暗褐色斑点；母雉鸡则全身呈浅黄色。公雉鸡体重1.2～1.4千克，母雉鸡1.0～1.1千克。母雉鸡年产蛋40～50枚。

6. 白雉鸡　白雉鸡的外貌特征为周身披白色羽毛，虹膜呈蓝灰色，公雉鸡的体型大小与中国环颈雉鸡相似。母雉鸡年产蛋60～80枚。

7. 特大型雉鸡　该品种是由蒙古环颈雉鸡选育而来的。公雉鸡的眼睑无白眉，白色颈环特别窄，而且不完整，有的没有颈环，胸部为深红色。母雉鸡腹部呈灰白色。该品种的最突出特点是体形大，成年公、母雉鸡体重分别为1.9～2.2千克和1.5～1.8千克。母雉鸡年平均产蛋40枚左右。

（二）雉鸡的经济价值

1. 雉鸡肉的营养价值　雉鸡是一种肉质鲜美、营养丰富的野生禽类，雉鸡肉坚实而细嫩，味道鲜美，野味独特，营养丰富，蛋白质和氨基酸含量均比家鸡高，脂肪和胆固醇含量比家鸡低，雉鸡肉还富含多种人体所必需的维生素和微量元素。

2. 雉鸡的药用价值　雉鸡的药用价值很高，雉鸡肉味甘、酸、温，能补中益气，治脾虚泄泻、腹胀、下痢、尿频等；鸡内金具有消食化积、涩尿等功能；雉鸡胆有清肺止咳的功能；李时珍《本草纲目》中记载，雉鸡脑治“冻疱”，嘴治“蚁瘘”等。

3. 雉鸡的观赏和狩猎价值　公雉鸡的羽毛艳丽，尾羽长，具有很高的观赏性，羽毛可制成工艺品和各种填充物，用雉鸡剥制的生态标本，作为高雅贵重的装饰品，已开始进入城市居民家中；雉鸡还是重要的狩猎鸟，国内外已有一些地区结合发展旅游业，设有专门的狩猎场，其方法是把雉鸡饲养到一定日龄后，再放养于狩猎场，供人猎捕，这将有利于推动旅游狩猎业的发展。

（三）雉鸡的繁殖特点

1. 性成熟迟，季节性产蛋　雉鸡10月龄左右才达性成熟，公雉鸡比母雉鸡性成熟晚1个月左右。在自然界中，野生雉鸡的繁殖期大致在每年的2～7月，人工饲养条件下产蛋期可延迟至9月。

2. 放配年龄、公母比例和利用年限　目前雉鸡生产大都采用大群自然配种，公、母比例为1∶5～6可达良好受精效果，一般不低于1∶6～8。雉鸡出壳10月龄后即可放配，种用雉鸡只用1年，对繁殖性能特别优秀的个体或核心群，公雉鸡可留2年，种母雉鸡最佳利用年限为2～3年。

3. 雉鸡的婚配制度　在公雉鸡性成熟放入母雉鸡群后，公雉鸡间经过争斗产生"王子雉"或"领主"。交配时，以公雉鸡为核心组成相对稳定的"婚配群"，在自己的领土上活动，若有其他群的公雉鸡侵袭，即发生争斗。

二、雉鸡的饲养管理

（一）雉鸡育雏期饲养管理

雉鸡的育雏期是指雏雉鸡从出壳到脱温这段时间，育雏期是饲养雉鸡过程最关键的环节。

1. 适时开水、开食　雏雉鸡应在出壳24小时内开食，开食前应先饮水，1日龄雏雉鸡第一次饮水称为初饮。饮水中最好加5%的葡萄糖或0.01%的高锰酸钾，初饮的水温与室温相同。开水后2小时开食，开食的饲料要求营养丰富、易于消化、适口性强而便于啄食的精料为宜，对不会饮水吃料的雏雉鸡应加强调教。雏雉鸡的饮水器和料槽在育雏室内应分布均匀，水槽、料槽间隔放，采用地面平养，开始几天，水槽和料槽位置离热源稍近些，便于雏雉鸡取暖、饮水和采食。育雏前几天喂食应注意少量多次，防止雏雉鸡暴饮暴食，造成消化不良，0～2周每天喂6次，3～4周每天喂5次，5周以后每天喂4次，随日龄的增加，采食量递增，到接近成年体重时，采食量趋于稳定。

2. 温度的控制　温度是育雏的首要条件，也是育雏的关键，必须严格而正确地掌握。育雏温度包括育雏室和育雏器的温度，育雏室温度比育雏器温度低，育雏的环境温度应有高、中、低之分，一方面让雉鸡根据自身的生理需要来选择适合自己的温度，另一方面有利于促进空气的对流。研究表明，温度过高和过低，都不利于对雉鸡的生长发育。雉鸡适宜的育雏温度：1～3日龄34～35℃，4～7日龄32～33℃，2周龄28～31℃，3周龄24～27℃，4周龄22～23℃，5周龄后可脱温。温度总的原则是夜间比白天高，小群比大群高，具体还应做到“看鸡施温”，即根据雏雉鸡的精神状态给予正确施温，温度适宜时，雏雉鸡表现食欲较好，饮水适度，活泼好动，睡眠时均匀分散开来；温度过高时，雏雉鸡表现为远离热源，张口呼吸，饮水量加大，食欲不好，有时见稀样粪便；温度过低时，雉鸡行动迟缓，靠近热源，有时可见层层扎堆，相互挤压，在整个育雏期间应防止温度忽高忽低，许多雉鸡场雏雉鸡死亡率高的主要原因是没有控制好环境温度，特别是1周龄以内更是关键。

育雏时温度计应挂在适当的位置，否则因室内高低处有温差，不能反映雏鸡实际所处的环境温度。测量育雏器的温度计应挂在保温伞边缘，距垫料5厘米，相当于雏雉鸡背高度的位置；测量室温的温度计应挂在距离育雏器较远的墙上，离地面1米高。

3. 适宜的湿度　一般情况下，相对湿度没有温度要求的那样严格，在极端情况下或与其他因素共同发生作用时，可能对雏雉鸡造成危害。1～10日龄相对湿度65％～70％，11日龄以后55％～65％。为了便于掌握，可在室内悬挂干湿计，育雏开始时需要较高的湿度，在进雏前1天，应在室内挂些湿毛巾或室内设置装有水的水盘，当天气干燥时，可将水洒于地面。相对湿度低于55％时，雏鸡发育缓慢，羽毛干燥无光泽，饲养人员在育雏室呆较长时间也会感到鼻孔干燥；相对湿度高于70%对雏雉鸡也不利，这样的湿度，细菌增殖快，雏雉鸡易患传染病，也容易患肠道疾病；育雏后期，由于雏雉鸡呼吸量增加，排泄物增多，雏雉鸡个体已增大，其体表蒸发量也加大，因此相对湿度应减少，否则易造成过高的湿度，对育雏不利。

4. 合理的饲养密度　雏雉鸡饲养密度应适当，密度过小，虽有利于采食、饮水等活动，雉鸡的生长发育和均一性较好，但保温设备、保温的能量利用率降低，雏雉鸡本身的生物热能的互相利用效果降低，加上其他各种设备用量的增加，因而生产成本的投入加大；密度太高，易造成雏雉鸡发生堆叠、挤压和啄癖，料槽和水槽位不足，雏鸡经常处在不安静的状态，轻者造成伤残，重者造成死亡，生长发育受到较大影响。所以保持适宜的饲养密度非常重要，随着鸡龄的增大，饲养密度应逐渐减小，1～10日龄50～60只/米^2，11～20日龄40～50只/米^2，21～30日龄30～40只/米^2，30日龄以上10～15只/米^2，同时根据雏雉鸡舍的构造、通风条件等情况灵活掌握。另外，还要保证雏雉鸡有足够的采食位置和饮水位置（表3-1）。

表3-1　雏雉鸡采食和饮水需要的位置（单位：厘米）

周龄	1	2	3	4
采食位置	2.0	2.5	3.5	4.5
饮水位置	0.5	1.0	1.5	2.0

5. 适当通风　雉鸡舍的通风目的有两个：一是满足雏雉鸡对氧气的需要和调节温度，雏雉鸡个体虽小，但生长发育、代谢旺盛，需要的氧气比较多；二是排除室内的二氧化碳、氨及多余的水汽和羽毛屑。育雏室内氨气和二氧化碳浓度过高，会直接影响雏雉鸡的生长发育，饲料报酬下降，性成熟延迟，抵抗力下降，并可诱发慢性呼吸疾病、眼病等，在保证育雏温度的情况下，尽可能加大通风换气，以保证育雏室空气清新。总的原则是

以人进入室内不感到刺激眼、鼻和气闷为宜，但不能通风过度，以确保育雏室的温度。

6. 合理的光照制度　光照可促进雏雉鸡的采食和饮水，增强运动，促进骨骼和肌肉增长，增加机体抗病能力，因此要给予雏雉鸡合理的光照。在育雏阶段应遵循总的原则是：光照只能减少，不能增加，采用弱光，避免强光，光照时间不能或长或短。1～3日龄光照24小时，4～7日龄光照20小时，第二周光照19小时，第三周转入自然光照；刚孵出的雉鸡视力较弱，为了便于采食、活动、饮水，光照强度可大些，如第一周光照强度以20～30勒克斯为宜，从第二周起光照强度控制在10勒克斯，光照强度控制方法有改变灯泡瓦数、控制开灯数量等，光照强度应尽量均匀，因此遵照灯泡多、瓦数小、灯泡距离均等的原则。

7. 断喙　为了防止雉鸡啄癖的产生，往往要进行断喙。断喙可以防止雉鸡钩甩饲料，减少饲料的浪费；还具有促进雏雉鸡的生长发育，提高育雏率，便于饲养管理。一般情况下要断喙2次，第一次在10日龄左右，第二次在10周龄左右，可用断喙器、电烙铁或剪刀灼烧后将上喙断去1/2，下喙断去1/3，连断带烫，防止出血，断喙对雏雉鸡是一大应激，在免疫期间不能进行断喙。断喙前可在饲料或饮水中添加维生素K，也可加一些镇静药，以减少应激，断喙后食槽应多加一些料，以免雉鸡啄食碰到槽底有痛感而影响采食。断喙时注意不要将舌头断去，种用公雉鸡可不断喙或仅断喙尖，否则会影响配种。

8. 断翅　雉鸡虽经人工驯化，但仍具有野性，有一定的飞翔能力，因此会影响饲料利用率，有必要进行断翅。断翅最好在雉鸡出壳后24小时进行，最迟不超过7天，可用高温切断原理，将一侧翅膀切断一节，另一侧翅膀不切。在切断一侧翅膀时，用左手将雏鸡握在手掌内，用食指和拇指将需切断的翅膀捏住，右手持剪刀从翅膀的第一或第二弯曲处剪断，并立即烧烙止血。烧烙止血的工具以50瓦的电烙铁为最好，也可用烧红的火钳或其他可以烧红的东西。但要注意：创面不能让鸡群啄伤，被啄伤出血的创口要及时消毒止血。断翅可以使雉鸡飞翔时不能保持平衡，飞不起来，从而可减少其活动量，提高饲料报酬，增加饲养经济效益。

9. 防病防疫　雏雉鸡因个体小，对疾病抵抗力较差，且发病后，治疗效果也较差，所以应以预防为主，做好预防性投药。雏雉鸡开水时最好在饮水中加0.01%的高锰酸钾，以清理肠道。此外，1日龄雏雉鸡应在皮下注射马立克氏病疫苗，在12日龄和28日龄用新城疫Ⅱ或Ⅳ系苗免疫接种，14～16日龄接种法氏囊疫苗。

为预防疾病的发生应做到定期或不定期进行消毒，对用具、雉鸡舍及周围环境进行消毒。

10. 建立日常管理制度　每天的饲喂次数、饮水、打扫环境、记录工作都有固定的时间和顺序，每次进雏鸡舍时要观察雏雉鸡的精神状态、采食量、粪便等，发现异常，及时查找原因并采取相应措施，特别是对温度、湿度及通风情况要经常检查，每天清洗料槽、水槽一次，清理一次粪便。

11. 防止对雉鸡的应激　尽可能保持各种环境因素适宜、稳定和渐变；注意天气预报，对高温与寒流要及早预防；群的大小与密度要适当，提供足够数量的料槽和水槽；按正常的日常饲养管理；接近雉鸡群时要给以信号，捕捉时要轻拿轻放，尽可能在晚间或清晨捉雉鸡；尽量避免连续进行可引起雉鸡骚乱的技术措施；预知雉鸡处于应激时，将饲料中维生素A、维生素K、维生素E等加倍供应；谢绝参观者入舍，特别是人数众多或服装奇特的参观者。

（二）雉鸡育成期的饲养管理

雉鸡脱温后至性成熟前的这一阶段，称为育成期。这期间雉鸡对外界环境有较强的适应能力，生长迅速，各种器官发育已逐渐健全，这一阶段按绝对增重是长骨骼和肌肉最多的时期，为了保证雉鸡的正常发育，培育合格的后备种雉鸡，除做好日常饲养管理外，还应掌握如下要点：

1. 及时转群　雉鸡饲养至6～8周龄时，由育雏舍转入育成舍，雉鸡转群前要进行大、小、强、弱分群，以便分群饲养，使雉鸡生长整齐。另外，还要进行断羽，即主翼羽每隔2根剪掉3根，以免因环境突变而造成伤亡；如作为种用还要在19～20周进行第二次转群，由育成舍转入产蛋舍。对于种用雉鸡两次转群是整顿雉鸡群的好机会，根据母雉鸡的存栏数，在青年公雉鸡中选择体重在1.1～1.5千克，胸宽、体质健壮、发育整齐、雄性特征明显的个体组成种公雉鸡群；选择体型大、胸宽深、繁殖体况好的母雉鸡组成繁殖母雉鸡群。将体型、外貌等有严重缺陷的雉鸡淘汰做商品雉鸡饲养。

2. 温度　应重视30～60日龄的雉鸡环境温度，因为脱温后，雉鸡对较低的温度仍较敏感，对高温也不太适应。在环境温度低于18℃时，仍需加温；在25℃以上时，则应加强通风，减少饲养密度。

3. 密度　育成期饲养密度直接关系到雉鸡生长发育、雉鸡群的均匀性、羽毛完整和疾病流行。育成期密度过大，雉鸡群生长发育不整齐，往往还会发生啄羽。根据生产经验、饲养密度与雉鸡尾羽生长和长度成反比关系。一般情况下5～10周龄，6～8只/米^{2}为宜，如果包括运动场，则3～4只/米^2，每群以300只为宜；11周龄以上，3～4只/米^2，包括运动场则1.5只/米^2，此时可从羽毛上明显分出公、母，应按公、母及强弱分别组成，每群100～200只。

4. 光照　控制光照是延迟性成熟的重要技术措施，春雏雉鸡可采用自然光照；如果是秋雏，前10周时间采用自然光照，10周后采用10～20周龄阶段最长的自然光照时间，如果这阶段最长光照时间为12小时，不足12小时的自然光照，采用人工光照时间加以补充，补充12小时，以避免在生长后期遇到逐渐延长的光照时间，防止母雉鸡性成熟早产。

5. 更换饲料　育雏结束后，雉鸡饲料应更换成育成期料，注意换料的方法，不要突然把育雏料全部更换成育成料，以免对雉鸡造成应激。可以有3～4天的过渡时间，如第一天将2/3育雏料和1/3育成料混匀后饲喂，第二天将育雏料和育成料各一半混匀饲喂，第三天将1/3育雏料和2/3育成料混匀饲喂，第四天则全部更换成育成料。雉鸡4周龄后每周喂4次，随日龄的增加，采食量递增，到接近成年体重时，采食量趋于稳定，雉鸡在开产前或非产蛋期，日耗全价配合料量平均70克左右，产蛋期采食量有所增加，在80～90克。

6. 限制饲喂，控制体重　确定留种用的育成雉鸡，除在6～8周龄进行初选外，还必须控制体重，防止过肥，在这期间除增加运动量外，还必须进行限制饲喂。限制饲喂能节约饲料，提高饲料报酬，降低生产成本；适当延迟性成熟期，可使开产种雉鸡产蛋整齐，蛋重大，提高种蛋的合格率和孵化率，使产蛋高峰后雉鸡的产蛋率下降缓慢；提高产蛋阶段的饲料转化率。由于限制饲喂，种雉鸡体重减轻，可降低用于维持需要的饲料；防止公雉鸡过肥，可提高公雉鸡的受精率；提高种雉鸡的抗应激能力，减少产蛋期间雉鸡的死亡率。

限制饲养的方法：限制饲养有限时、限量、限质三种方法。

（1）限时饲喂　有每天限时饲喂、每周限天饲喂和隔日饲喂。每天限时饲喂是指在规定的饲料营养下，每天只在一定时间给鸡喂饲料，其他时间料槽中不给料；每周限天饲喂指每周可在周一至周六喂料，周日停喂1天，也可采用周一、周二喂料，周三停料1天，然后周四、周五、周六喂料，周日停喂1天，即每周停料2天；隔日饲喂是指每月中规定逢单日饲喂，逢双日停喂。

（2）限量饲喂　要求喂规定饲料营养的日粮，每天每只饲喂的料量，限制到只有充分采食量的85%～90%。

（3）限质饲喂　主要包括饲喂低能量日粮、饲喂低蛋白质日粮、饲喂低赖氨酸日粮三者之间的一种或饲喂低能、低蛋白质、低赖氨酸日粮。

目前生产实践上多用限量饲喂法，结合周龄的增长适当降低日粮能量和粗蛋白质水平。关于限量多少应根据雉鸡体重及体质情况来确定喂料量。一般来说，种雉鸡后备期的喂料量应控制在自由采食量的85％～90％。

限饲前应将体重过小和体弱的雉鸡挑出单独喂或淘汰；雉鸡限饲应从8周龄起，每周要随机抽样称测体重一次，作为限饲的根据，在限饲开始后，每两周抽测一次，观察体重变化，以酌情增减饲料喂量；要备有足够的食槽和饮水器；限制饲喂时，必须与控制光照相结合；限饲过程中应减少各种应激因素，如发生疾病或死亡率突然升高应立即停止限制饲喂。

7. 加强运动　雉鸡仍有一定野性，经常奔走跳动，为满足其特性，必须设运动场，使雉鸡可以在舍内和运动场自由活动，运动场设栖架，供雉鸡攀缘飞跃使用，也可以设置沙池，供雉鸡沙浴使用，沙浴可以使雉鸡减少体外寄生虫发病率。

8. 防飞失　雉鸡随着日龄的增大，飞翔本领增强，至60日龄已能在舍内和运动场任意飞翔，虽然飞翔的持久性较差，飞翔的高度有限，但仍有飞逃的危险，所以应及时检查门窗及围网，发现破损或漏洞及时修复。

9. 及时修喙　育成期的雉鸡啄肛、啄羽现象比较严重，为了降低商品的残次率，除按时断喙外，还要定期修喙，防止啄癖产生。具体方法见雉鸡育雏期饲养管理。

10. 卫生防疫　应做好日常卫生工作，定期清理粪便，食槽、饮水器定期刷洗、消毒，有条件的也应每月进行一次带鸡消毒，在90～120日龄用新城疫Ⅰ系苗进行免疫。

11. 季节管理　季节管理的重点是夏季防暑降温、冬季防寒保暖。

雉鸡体温略高于鸡，心率和呼吸频率显著高于鸡，故比鸡的耐热性差。对雉鸡来讲，高温环境甚为不利，由于雉鸡无汗腺，通过体表的蒸发只能散发有限的水分，再加上羽毛的覆盖使水分的散发受到限制，因此几乎完全靠呼气来进行蒸发散热，环境温度越高，雉鸡的体温愈高，呼吸频率也愈高，夏季雉鸡采食量也相应减少，生长会受到一定的影响，高温时种雉鸡产蛋停止，因此夏季要做好防暑降温工作。首先应打开所有门、窗（门、窗应加装铁丝网），门、窗及运动场均应设置遮阴物，以避免光线直射，必要时可在屋顶喷水，室内用水喷雾降温，夏季中午温度较高时，可适量喂青料、饮井水，早上提早及晚上延长喂料时间，夏季料也可加适量水调拌，但一次拌料不宜太多，以防腐败，同时保持充足的饮水。

相对来说，雉鸡比较耐寒，由皮下脂肪和厚密的羽毛形成一个良好的隔热层可以隔热，但舍温偏低同样是有害的，冬季当舍温10℃以下产蛋量急剧下降，5℃以下停产，所以重点工作是防寒保暖。在此过程中，关闭北窗、门等，并适当增加饲养密度，以提高室温，冬季减小湿度，增加饲料中能量水平和饲喂量。

春季天气变暖，各种病原微生物较易繁殖，重点做好防疫工作，最好在天气变暖之前进行一次彻底的消毒，以减少疫病发生。

秋季日照缩短，在自然光照环境条件下的雉鸡开始换羽，此时可根据换羽的早迟和停产与否，进行选择和调整雉鸡群。在换羽阶段日粮中要注意足够的蛋白质，特别是含硫氨基酸含量。

（三）商品雉鸡的饲养管理

商品雉鸡饲养至3～4月龄，体重达到1 250克，即可上市销售，为保证雉鸡的外观漂亮和达到一定的体重，必须加强这一阶段的饲养管理。

1. *改变饲养方式*　采用平面散养的雉鸡在外观上比笼养雉鸡要差些，主要是由于采用地面大群散养，雉鸡有啄羽的恶

习，商品雉鸡的漂亮的羽毛往往会被啄掉一部分，影响其外观，导致出售价格下跌，因此原采用平面散养的雉鸡，当长出漂亮的彩羽的应及时改成笼养的饲养方式，一方面可以保持其漂亮的外观；另一方面可限制其活动，减少能量消耗，以便能尽快上市。

2. 加强早期饲喂　为了能使雉鸡尽快上市，防止生长发育受阻，应加强商品雉鸡的早期饲喂。雉鸡的早期营养来源有两个：一是雏雉鸡出壳卵黄囊内携带的卵黄，另一个是饲料。当雉鸡出壳后开食时间较迟，卵黄吸收很快，正常开食，卵黄吸收正常，加强早期饲喂，供给营养均衡的饲料，可减缓卵黄囊消失的速度，即在两种营养物质交替的关键时候，加强早期饲喂能延长两种营养物质来源共同供应的时间，对当时和后来的生长发育都是有利的。因此，出壳后的商品雉鸡早入舍、早饮水、早开食，加强早期饲喂是商品雉鸡整个饲养过程的关键措施。

3. 强弱分群饲养　为了保证同一批商品雉鸡能同期上市，提高出栏率，就要提前做好大、小、强、弱分群，弱鸡群要单独饲养，多补充营养丰富的饲料，在体重上能尽快赶上强雉鸡群。如采用地面平养，雉鸡群的大小可根据雉鸡场设备条件而定，一般宜采用小群饲养，每群以 50 只为宜。

4. 采用“全进全出”的饲养制度　商品雉鸡生产要求采用“全进全出制”的饲养制度，它是保证雉鸡群健康、减少病原产生的重要措施之一。所谓“全进全出”就是在同一范围内只进同一批雏，饲养同 1 日龄的雉鸡，并且在同一天全部出场，出场后彻底打扫、清洗、消毒，切断病原的循环感染。“全进全出”制分为三个级别：一是一幢雉鸡舍内“全进全出”；二是一个饲养户或雉鸡场内一个区范围内“全进全出”；三是整个雉鸡场实行“全进全出”，在商品雉鸡生产中至少要做到一幢雉鸡舍实行“全进全出”。

5. 合理光照　商品雉鸡的光照宜采用弱光照：一方面弱光

照可减少啄羽；另一方面可减少其活动量，在夜间通常也应适当补充一些弱光照，这样可促使雏鸡群夜间采食，发育均匀，提早上市。另外，有些弱雏鸡白天往往抢不到食，可以在夜间继续采食。关于照明时间，有研究表明，1～2小时光照随后2～4小时黑暗的间歇光照法（一昼夜总的光照8小时、黑暗16小时）可明显地增加经济效益，据称这种方法不仅节省电费，还可促进商品雏鸡采食，使雏鸡生长速度加快。

6. 加强通风　通风的目的是减少舍内的有害气体，保持舍内干燥，减少病原繁殖，当舍内通风不良，有害气体含量过高，时间较长，不但会影响到雏鸡的生长速度，而且会引发雏鸡呼吸道疾病。由于商品雏鸡饲养密度大，加强舍内通风，保持舍内新鲜空气是非常必要的。在实际生产中第1～2周龄可以以保温为主，适当注意通风，3周龄开始则要适当增加通风量和通风时间，4周龄后除非冬季，则应以通风为主，特别是夏季，通风不仅能提供雏鸡群代谢充足的氧气，而且还能降低舍内温度、湿度，提高雏鸡采食量，雏鸡生长速度加快。

7. 育肥　育成雏鸡在8～18周龄时，生长速度较快，容易沉积脂肪，在饲养管理上应采取适当的育肥措施，如适当提高日粮中能量和蛋白质的水平，降低青绿饲料和粗纤维含量高的饲料，增加饲喂量和饲喂次数，减少活动量等方法，同时要保证采食量。有了较高的营养水平的日粮，如果采食量上不去，商品雏鸡的增重同样得不到好的效果。

（1）影响商品雏鸡采食量的因素主要有：①疾病；②舍内温度过高，采食量减少；③饲料的物理状态，粉状饲料的采食量低，颗粒料或制粒后破碎的碎裂料采食量高；④饲料发生霉变特别是受黄曲霉污染的饲料，采食量上不去，饲料本身的适口性影响采食量。

（2）保证雏鸡采食量采取的措施有：①在整个饲养过程中提供足够的采食位置，保证充足的采食时间；②在高温季节采取有效的降温措施，加强夜间饲喂；③检查饲料品质，严禁使用发霉饲料，控制适口性不良饲料的比例；④改变饲料配方，提高能量蛋白饲料水平。

8. 卫生防疫　应保持雉鸡舍清洁干燥，如果鸡舍内湿度过高，容易促使病原菌的繁殖，诱发疾病，同时要及时清理粪便，水槽、料槽要定期洗涮、消毒，每周还要给鸡喷雾消毒一次，定期免疫。

（四）种雉鸡的饲养管理

专门用于繁育的雉鸡称种雉鸡。在雉鸡野生情况下，成年雉鸡的生物节律随着季节的变化而变化，形成不同阶段的生理特点。种雉鸡的饲养和管理必须根据雉鸡各个阶段的生理特点和季节特点，重点抓好饲养和管理措施。种雉鸡饲养管理可分休产期和繁殖期。

1. 雉鸡休产期的饲养管理　雉鸡休产期分为繁殖准备期（1～3月份）、换羽期（8～9月份）、越冬期（10～12月份）。

（1）繁殖准备期的饲养管理　重点是做好种雉鸡分群、整顿、免疫工作，选留体质健壮、发育整齐的雉鸡，每百只左右编为一群，为了使种雉鸡尽快达到繁殖体况，促进发情，饲料必须全价，并要提高日粮中蛋白质水平，加喂维生素、微量元素，适当补充钙、磷。这一时期的防疫消毒工作也显得非常重要，由于气温回升，各种病菌容易繁殖，要进行一次彻底的卫生消毒，注意疫苗的接种，同时要做好产蛋前的准备工作，要全面检修栏舍和织网舍，平整场地，网室换铺沙子，供雉鸡沙浴和防止种蛋的破损。

（2）换羽期的饲养管理　雉鸡每年8月中、下旬产蛋结束后开始换羽，为了延长产蛋期，增加产蛋量，在未开始换羽前应尽量延缓换羽期的到来，保持环境稳定，减少外界条件变化，增加青绿饲料等。换羽开始后，为了快速换羽，可降低饲料中粗蛋白含量，但要保证含硫氨基酸的供给，以使羽毛快速生长，在饲料中加1%生石膏可促进新羽生长。产蛋结束后应及时淘汰病、弱雉鸡及繁殖性能差和种用时间过长的雉鸡。

（3）越冬期的饲养管理　要做好雉鸡的防寒保暖工作，如采用垫料平养要增加垫料的厚度，并及时更换垫料，饲喂量可适当加大，或在饲料中添加高能量饲料从而提高饲料能量代谢水平。根据雉鸡产蛋率等成绩对种雉鸡群进行调整，选出育种群、商品群和淘汰群。

2. 雉鸡产蛋期饲养管理

（1）适时公、母合群　雉鸡繁殖有季节性，在良好的人工驯养条件下，一般公雉鸡9～10月龄性成熟，母雉鸡性成熟要迟1个月左右，雉鸡进入繁殖期即要放对配种，合群配对的时间相对很重要，配对时间的确定必须考虑气温、繁殖季节及饲料营养水平。过早配对，影响种雉鸡群的成活率，还会促使公雉鸡早衰；过晚会影响种蛋受精率和造成种蛋的浪费，配对时间一般以3月中旬前后为宜，但有的饲养场每年2月份放配。也可以通过试配方法确定适时合群时间，方法是先试放1～2只公雉鸡入母雉鸡群，观察母雉鸡是否愿意交配，还可根据母雉鸡的鸣唱、红脸或做窝等行为来掌握合群放配时间。产蛋期雉鸡群体的大小对产蛋量和受精率均有影响，网舍饲养一般以100只左右为一群，公、母比例以1∶5～6为宜。

（2）及早确立和保护“王子雉鸡”的地位　公、母雉鸡合群后，公雉鸡间出现强烈的争偶、斗架，胜利者即为“王子雉鸡”，这个过程也称为拔王过程，“王子雉鸡”确定后，整个鸡群就稳定下来，在拔王过程中尽可能人为地帮助确立“王子雉鸡”的地位，有利于稳群，减少死亡。公雉鸡群位序列确定后不得随意放入新公雉鸡，以维护“王子雉鸡”的地位，除非到繁殖后期，有部分公雉鸡只是争斗而不交配或繁殖力下降，必须及时进行公雉鸡淘汰，对新公雉鸡要加强人工保护。“王子雉鸡”在交配、采食等方面享有优先权，但有不让其他公雉鸡交配的特点，所以应设置屏障遮住“王子雉鸡”的视线，使其他公雉鸡有机会与母雉鸡交配，这是提高群体受精率的重要措施，方法是按每100米^{2}放3～4张石棉横着竖在网室内，也可放树枝堆。对于种公雉鸡应一次投足，中间减少增加公雉鸡的次数，雉鸡群配种一开始按一定的比例要求放入种公雉鸡，配种过程中发现体弱或无配种能力的公雉鸡随时挑出，而不去补充新的公雉鸡，这种做法的优点是保持公雉鸡的相对稳定性，减少因调群造成的斗架伤亡现象。

（3）设置产蛋箱　母雉鸡喜欢在阴暗处产蛋，因此产蛋箱应设置在墙角或其他阴暗地方，一般要求每4～5只母雉鸡要有一个产蛋箱，母雉鸡第一个蛋下在什么地方，以后就喜欢在这个地方下蛋，要改变这种习惯往往很困难，所以产蛋箱的设置一定要在开产前完成，在母雉鸡产第一个蛋时，要强制它在产蛋箱内产蛋，或者用白色乒乓球放在产蛋箱内，引诱母雉鸡进入箱内产蛋。

（4）适宜的温度　种雉鸡的适应性很强，夏季可耐受35℃以上的高温，冬季又能耐受－20℃的严寒，能在恶劣的条件下生活，但对产蛋期雉鸡来说，温度过高、过低都会影响它的产蛋数。雉鸡产蛋的适宜温度是18～25℃，低于5℃或高于35℃的情况下，雉鸡完全停产，低于10℃或高于30℃时，雉鸡产蛋率明显下降。

（5）提供营养丰富的饲料　繁殖期的雉鸡要求营养丰富，尤其是动物性蛋白质饲料，产蛋高峰期饲料中粗蛋白要求达18%～20%。此外，适当增加饲料中多种维生素和微量元素的含量。同时防止产软壳蛋，主要措施有：饲料应尽量做到营养全价，并合理搭配，日粮中要保证适宜的钙、磷水平；对于因饲喂草酸含量高的饲料而引起产软壳蛋的母雉鸡，应补喂甲状腺素片；对于大量补钙后仍产软壳蛋的，需及时补充维生素D或鱼肝油；尽量减少各种应激；控制疾病，尽量减少用药，最好不用药或疫苗。

（6）科学饲喂　根据饲喂习惯，可以给雉鸡投粉料或湿料。如喂湿料，应现拌现喂，防止饲料发生霉变，在雉鸡整个饲养过程中，饲料种类一般不要更换，否则雉鸡会出现厌食，影响到雉鸡的采食量，调整饲料中的原料比例或更新饲料原料时，一定要有一个循序渐进的过程，要有足够的料槽和水槽，使每只雉鸡占有3～4厘米的料槽和2～3厘米长度的水槽位置。料槽和水槽的位置要摆放得当，不要经常更换位置。夏季，应尽量早、晚凉爽的时间饲喂，有利于提高雉鸡的食欲，增加采食量。

（7）适宜的光照　雉鸡的繁殖有季节性，而光照时间的长短和光照的强弱对雉鸡的繁殖影响很大，对产蛋期的雉鸡，光照只能增加，不能减少。总的原则是只增不减，保持平衡，一般每天的光照时间在14～16小时。此外，光照强度宜小，即采用弱光照。这样有利于雉鸡正常饮水、采食，雉鸡发育整齐，开产一致，又减少打斗、啄癖的发生。

（8）合理利用种雉鸡　种公雉鸡一般只利用1年，种母雉鸡一般用2年，种雉鸡利用时间过长，会影响产蛋量和种蛋的受精率。公雉鸡实行轮换制，母雉鸡实行淘汰制。每年7月，对只争斗不配种或失去配种能力的公雉鸡，应及时确认后果断淘汰，新补充的公雉鸡，也应有一段观察期，确定胜任者留种，否则淘汰，对种群中原来的“王子雉鸡”必须加以保护，但因疾病或其他原因而出现异常或明显减弱的“王子雉鸡”应淘汰；对长期拒配和体弱及产蛋量低的母雉鸡也应淘汰。

（9）保持良好稳定的环境条件　雉鸡对环境变化，特别是环境突变非常敏感，如饲养规程的改变、突然的声响等不良刺激，可引起雉鸡的惊群、炸群，而使产蛋率迅速下降。因此，产蛋雉鸡饲养管理要做到三定，即定人、定时、定管理，出入雉鸡舍动作要轻；谢绝外人参观，以免参观者的喧哗和鲜艳的着装刺激，惊扰雉鸡群，同时减少疾病传播的途径；管理工作要本着少干扰雉鸡群的原则进行，不要轻易捕捉雉鸡，接种疫苗、分群、断喙、合群等工作应尽可能结合在一起进行，时间最好安排在晚上；经常检查修补网室，防止兽害骚扰鸡群。夏季注意防暑降温，产蛋期间进入6月份后，由于气候炎热，阳光强烈，尤其在32℃以上时，种公雉鸡的活动大大降低，交配次数也大为减少，影响到种蛋的受精率，同时由于夏季光照强度过大，很容易引起啄癖的发生，为此应搭棚或种树或采取其他各种遮阴措施，降低舍内外的光照强度，并结合通风、室内喷水、饮井水等方法达到降温效果，消除夏季繁殖率降低的因素。

（10）勤捡蛋　可减小蛋的破损，公、母雉鸡都有啄蛋的恶习，破蛋率有时会很高，因此要勤捡蛋，特别是雉鸡在午后产蛋较多，要定时收蛋，每天捡蛋4～5次，捡后尽快消毒再保存，受污染的种蛋孵化率降低，雏雉鸡的品质不良，死亡率高。对发现破蛋，应及时将蛋壳及内容物清除干净。还可在舍内、运动场上堆放树丫，下面垫一些干草，可大大减少蛋的破损率，初产雉鸡有时会出现难产情况，要及时助产。

（11）减少饲料浪费　雉鸡饲料占饲养成本的60%左右，节约饲料能明显提高经济效益，饲料浪费的原因是多方面，减少饲料浪费的措施有：保证饲料的全价营养，饲料日粮营养不全面是最大的浪费；不饲喂发霉变质的饲料；饲料添加量应为1/3槽高，由于饲料过满造成抛撒的料，其数量往往也是惊人的；饲料粉碎不能太细，否则会引起雉鸡采食困难和产生大量的饲料粉尘；对于低产雉鸡、停产雉鸡和长期久病不愈的雉鸡应及时淘汰，尤其是病、弱鸡常带有各种致病细菌、病毒，威胁整个雉鸡群的安全，所以及时淘汰病弱鸡不仅可以降低饲料的消耗和饲养成本，而且在卫生防疫方面也显得特别重要。

（12）加强日常管理和做好生产记录　每天清理一次雉鸡料槽内的剩料，并定期将料槽、饮水器彻底清洗消毒，及时清除舍内粪便，定时进行带鸡消毒。种雉鸡的饲养管理要做好记录，记录种雏鸡的饲料消耗量，可根据雏鸡的采食情况来判断雏鸡种群是否正常，也便于效益分析，记录雏鸡的免疫时间、疫苗种类以及死、伤、发病和治疗情况，及时找出原因，做到早发现、早处理。

第二节 乌骨鸡

一、乌骨鸡的品种和经济价值

（一）乌骨鸡的品种介绍

乌骨鸡以皮肤、骨骼、肌肉均呈乌黑色而得名。以其独特的药用功能和滋补食疗作用及较高的观赏价值而享誉海内外。目前我国市场上常见的乌骨鸡品种有以下几种：

1. 泰和鸡（丝毛鸡） 泰和鸡产于我国江西省泰和县，泰和鸡性情温顺，身体轻小，骨骼纤细，头小颈短，眼乌，下颌有须，耳呈孔雀蓝色，全身羽毛呈白色丝状。总的外貌特征民间称为“十全”，即复冠（如桑葚状）、缨头、绿耳、胡子、五爪、毛脚、丝毛、乌皮、乌骨、乌肉。此外，眼、喙、趾、内脏及脂肪也是乌黑色，但胸肌和腿部肌肉颜色较浅。

2. 余干黑羽乌鸡 余干黑羽乌鸡原产于江西省余干县而得名，属药肉兼用型品种。周身披有黑色片状羽毛，喙、舌、冠、皮、肉、骨、内脏、脂肪和脚趾均为黑色。母鸡单冠、头清秀，眼有神，羽毛紧凑；公鸡雄壮健俏，尾羽上翘，羽毛乌黑发亮，单冠，肉髯深而薄，腿部肌肉发达。

3. 中国黑凤鸡 为国外引进品种，经过纯繁选育而成，命名为中国黑凤鸡。中国黑凤鸡全身披有黑色、丝状绒毛，乌皮、乌肉、乌骨、丛冠、缨头、绿耳、五爪、毛腿、胡须；除此之外，其舌、骨骼、内脏、脂肪、血液均为黑色。

4. 山地乌骨鸡 山地乌骨鸡为四川盆地南部与滇北高原交界地区长期处在自然状态选育而成的品种，具有和原产地江西泰和鸡一样的药用价值，属药、肉、蛋兼用的地方良种。山地乌骨鸡以冠、喙、髯、舌、皮、肉、骨、内脏（含脂肪）乌黑为主要特征；羽毛以蓝紫色黑羽居多，而斑毛及白羽次之。

（二）乌骨鸡的经济价值

1. 营养价值　乌骨鸡肉质乌黑细嫩，鲜美爽口，营养丰富，对人体具有滋补效能，是高级滋补品。据分析，乌骨鸡肉中含有丰富而全面的人体所需的营养成分，蛋白质含量和人体必需氨基酸均比普通的鸡高，还含有丰富的微量元素和极高滋补保健价值的黑色素。血液中所含有的球蛋白、血小板、血清酶类均比普通鸡高，乌骨鸡功效对老人、儿童、产妇及体弱久病者尤为显著。此外，还能增加人体血细胞和血红素调节生理机能，增加免疫能力。

2. 药用价值　乌骨鸡是传统的名贵中药材，其药用价值备受历代医学者所重视，被誉为药鸡，据《本草纲目》一书记载："泰和鸡辛无毒，益助阳气，起阴补肾，主治虚劳亏损，治消渴、中恶、胸腹痛、益产妇，治女人崩中带下，一切虚损诸病，大人小儿下痢噤口，煮食饮汁，亦可捣和药丸。"

3. 观赏价值　乌骨鸡体型娇小玲珑，外貌奇特、俊俏，头小颈短，眼乌舌黑，紫冠绿耳，丛冠凤头，五爪毛脚，两颊生须，羽毛洁白绢亮如丝，被誉为观赏珍禽，1915 年荣膺巴拿马国际博览会金奖，被命名为"世界观赏鸡"。

（三）乌骨鸡的繁殖特点

1. 性成熟　乌骨鸡开产日龄平均为 170～205 天，年平均产蛋量为 75～105 枚。

2. 放配年龄、公母比例和利用年限　一般公鸡饲养至 6～7 月龄即可配种，母鸡以 2 年生的为好，公鸡生长发育性成熟前和母鸡在产蛋前应分群，当成熟公鸡性成熟可以配种时与产蛋母鸡同笼饲养，进行自然交配，公、母鸡的比例：农家少量饲养 1∶5～10，大规模饲养场 1∶8～10。母鸡可利用 3～4 年。

二、乌骨鸡的饲养管理

（一）乌骨鸡育雏期的饲养管理

育雏期是指小鸡出壳至绒毛脱尽后换羽这一阶段，乌骨鸡雏鸡指60日龄以内的鸡，比一般小鸡长20天，这是由其生理特点和生活习性决定的，育雏期是决定小鸡成活率和前期增产的重要时期，因此育雏好坏直接关系到乌鸡生产成败，由于乌骨鸡育雏期长，这就对育雏提出了较高的要求，且因季节、气候条件、育雏条件不同，方法也不同。

1. 雏鸡的选择　应选择健康的强雏饲养。主要根据雏鸡“有膘、有毛、有骨气”的长相，通过“一看、二摸、三听”的方法，即可大致鉴别雏鸡的强弱。强雏主要表现在：按时出雏；羽毛整齐有光泽；腹部收缩良好，大小适中，柔软，卵黄吸收良好；脐部愈合良好，无血痕，脐带愈合良好，有绒毛覆盖；反应灵敏，活泼好动，眼大有神；触摸有膘，握在手中饱满，挣扎有力；叫声清脆响亮；体重大小均一；泄殖腔附近干净；喙、脚、腿、爪等正常。

2. 接雏　雏鸡到达后，应立即卸下鸡盒，去掉盒盖，将雏鸡放在靠近育雏器的温暖处。运雏箱如果不是可重复使用的材料制成，应一律在鸡场内迅速销毁。

3. 开水　在出壳24小时内给雏鸡饮水，水中加入0.02%高锰酸钾或按每1 000毫升水中加入庆大霉素或卡那霉素25万单位，葡萄糖20克，维生素C 1 000毫克，促进卵黄消化吸收，20日龄内的小鸡宜饮温开水，且要用塔形饮水器，数量充足，分布要均匀，保证每只鸡都能饮到足量的水，饮水供给不应间断。

4. 开食　饮水后2～4小时即可开食。雏鸡最好用配合饲料。在前3天可用泡过的碎玉米、芝麻或碎米喂食，每百只雏鸡每天可补给3～5个熟鸡蛋，把饲料放在料盘或干净的报纸上，让其自由采食。3天后改喂全价配合饲料，1周后，可在饲料中加3%的细砂，3周龄内每天喂6～8次，3周龄后每天喂4～6次。

5. 温度　乌骨鸡个体比一般鸡小，羽毛稀，散热快，故更加怕冷，必须供热保暖，且温度要比其他鸡高些。适宜的育雏温度：第一周33～35℃（指保姆伞内），随年龄增长，温度可逐渐下降，每周下降2℃，直至育雏器的温度与室温相同时停止给温，室温尽可能保持在20℃左右，同时注意温度要平稳，切忌忽高忽低；阴雨天宜高，晴天宜低；夜间宜高，白天宜低；冬季宜高，夏季宜低。

育雏期还应做到“看鸡给温”，即除了用温度计外，主要看鸡群的精神状态和活动情况。温度适宜时，雏鸡活泼好动，食欲旺盛，睡眠安静，鸡群疏散；温度过低，表现行动迟缓，颈翅收缩站立，夜间睡眠不安，发出“叽叽”尖叫声，鸡群密集向热源靠拢，甚至互相挤压，层层扎堆，时间稍长，易出现成批压死。温度过低或受冷风吹袭，小鸡易感冒、拉稀，诱发白痢；温度过高，小鸡张嘴喘气，鸡群远离热源，精神懒散，大量饮水，食欲不好。

6. 湿度　湿度与雏鸡生长发育和抗病力关系很大，室内相对湿度第一周65%～70%，第二周龄后保持55%～60%即可。

7. 通风　雏鸡新陈代谢旺盛，需较多的新鲜空气。因此，在重视保温的同时，注意加强通风透气，以排除室内的二氧化碳和氨气等有害气体，空气流速控制在0.2～0.3米/秒，进入舍时应感到无臭味、无闷气，鼻、眼感觉无强烈刺激为宜。

8. 光照　开放式鸡舍以自然光照为主，不足则人工补充光，雏鸡出壳至3日龄，光照每天23小时，强度3瓦/米^2；3～10日龄光照每天18小时，强度0.5～1瓦/米^2，2周龄后，每周减半小时，逐步接近自然光照。

9. 密度　通风、保温、控湿与饲养密度有关。乌骨鸡平养育雏适宜的饲养密度为1～2周龄40～50只/米²，3～5周龄30～40只/米²，6～8周龄20只/米²。此外，还应注意雏鸡群数量不宜过大，在育雏室内每群以1 000～2 500只为好，种用雏鸡每群以500～700只为宜。

10. 分群　在育雏期间要进行三次分群。第一次在接雏时按雏鸡强弱分群。将弱雏鸡分开，单独饲养；第二次在鸡10日龄，对新城疫进行预防接种时，将个体小的病弱残雏与健壮雏分开；第三次是在6周龄左右，雏鸡脱温转群时，再次将病弱残鸡分开。

11. 加强免疫　严格按免疫程序，做好马立克氏病、新城疫、法氏囊、支气管炎和鸡痘等疫苗的预防接种，加强对鸡白痢、球虫病、霍乱和大肠杆菌病等疾病的预防工作，注意做好环境卫生、消毒和隔离工作。

12. 断喙断趾　断喙目的是为了防止啄癖和减少饲料浪费。乌骨鸡性情温驯，作为一般品种鸡，饲养了3～4月即可出售，小群饲养可以不断喙、不断趾，对于大群饲养、饲养时间长的种母鸡，需要断喙。前期断喙在10日龄左右进行，断去喙尖至鼻孔这段长度的1/3，后期断喙在12周龄左右进行，上喙断去1/2，下喙断去1/3，留种公鸡只断喙尖，不可断喙过长，否则会影响配种。种公鸡断趾可在转入成鸡鸡舍前的任何时候进行。用剪刀剪去公鸡内侧脚趾及后趾，在趾甲后处剪去。

（二）乌骨鸡育成期的饲养管理

乌骨鸡的育成期指60～150日龄这一生长阶段，这段时期乌骨鸡的生理调节机能、消化机能健全，适应环境能力强，食欲旺盛，生长发育极快。良好的饲养管理是促进乌骨鸡的正常发育，使鸡群具有较高的成活率、较强的体质，并达到标准体重，保证适时开产和鸡群具有较高的整齐度。

1. 育成期的限制饲喂　育成期乌骨鸡的生长发育快、新陈代谢旺盛，如让其自由采食，则饲料消耗多，鸡体重过大，脂肪沉积过多，影响产蛋率和受精率。如发现育成期鸡过肥，要进行限制饲喂。因此从60日龄开始，每两周称重一次。抽样时随时抽取全群的5%，与标准体重对照，对体重低于标准的要分群饲养使其达到标准体重，体重超标的要进行限制饲喂，减缓饲料的增加速度。

限制饲喂方法指在饲料的质量和数量两方面对鸡加以限制。质量的限制，即降低饲料蛋白质和能量水平，如在饲料中加糠麸、叶粉和青饲料。蛋白质水平每周下降1%，至14周龄维持在12%～13%，对钙、磷等矿物质及各种微量元素、维生素，必须满足成鸡的营养需要。数量的限制是指减小饲喂量，在生产中可将限量与限质结合起来，减少光照时间，适当控制育成鸡的性成熟。产蛋前期应提高饲料营养水平。

2. 温度　育成阶段鸡舍的温度要尽量保持在18～24℃。9周龄左右，乌骨鸡逐渐脱温，白天脱温，晚上仍要加温，待完全适应后，再完全脱温，当遇到寒冷恶劣气候，可适当加温，育成鸡舍的相对湿度以50%～55%为宜。

3. 运动和密度　育成鸡要有宽阔的运动场，保证鸡群健康生长发育。饲养密度不宜过大，平养时适宜的密度为：9～13周龄14～16只/米^2；14～17周龄8～12只/米^2；18～25周龄6～8只/米^2。

4. 分群饲养　育成鸡应及时根据鸡的大小、强弱、公母分群饲养，每群以100～150只为宜。

5. 光照　育成鸡的性成熟与光照长短有密切关系，光照时间的长短对控制母鸡的开产日龄十分重要，光照时间：8周龄每天12小时，以后光照逐渐减小，至20周龄为8～9小时。商品蛋鸡从20周龄，种鸡从22周龄起每周增加1小时，直至达到产蛋期的光照时间，光照强度以8勒克斯为宜。

6. 卫生防疫　鸡舍运动场要每天打扫一次，垫料要勤换。要加强鸡舍通风换气，食槽、水槽要经常清洗、消毒，保持鸡舍卫生，中雏应进行加强对支原体病和鸡白痢病检测，产蛋前期要进行疫苗接种和驱虫工作。

（三）乌骨鸡种鸡的饲养管理

乌骨鸡从150日龄开始由育成鸡转为种鸡。种鸡的饲养好坏直接影响种蛋的产蛋率、受精率、孵化率和雏鸡的品质，饲养管理应注意以下几点：

1. 种鸡的选择　应按照乌骨鸡的外貌特征，挑选发育良好、体质强壮、产蛋性能好、抱性弱的作为种母鸡，种公鸡应当选性欲旺盛、配种力强的个体。种鸡选择分两次进行，第一次在2月龄，第二次在5月龄，在第二次选择母鸡开产体重一般为800～900克，公鸡1 000克以上。如果鸡数过多，应淘汰体重过大或过小的，留下体重较为一致的母鸡。转群前后3天，在饲料或饮水中添加多维和电解质。转群应尽量在夜间进行，同时应避免断喙等应激。

2. 分阶段饲养　第一阶段从初产到产蛋20周，日粮中蛋白质水平开产时为16%，在开产7周后提高到17%～18.5%，因为一般种鸡在开产后10～12周产蛋率达到高峰。第二阶段在产蛋21～40周，日粮蛋白质水平维持在16%。第三阶段产蛋41周龄以后，日粮蛋白质含量可降至15%。一般情况下，增加日粮中的蛋白质含量可提高产蛋率。在饲料中也应注意矿物质、微量元素、维生素的添加，特别要增加钙的含量，一般钙占日粮的3%～3.5%，产蛋前期鸡对钙的利用率高，产蛋后期利用率降低，应适当增加。由于日粮中钙含量过高会影响鸡的适应性，减少采食量，反而降低产蛋率，在高温季节食欲不好时更应注意。

3. 改善鸡舍环境条件　产蛋期应尽可能给予适宜的温度、湿度、通风条件。饲养方式多采用半棚半地混合平养或垫草平养，平养情况下，饲养密度一般为4～5只/米^2，种鸡转入产蛋舍后，光照时间增加至16小时后，保持不变，产蛋期的光照时间只能延长，不能缩短，光照强度以10勒克斯为宜。

4. 抱窝鸡的催醒　乌骨鸡产蛋少，就巢性强，每产20枚蛋左右就要停产就巢，对正常产蛋鸡的就巢，消除抱窝有以下几种方法：

（1）光亮通风，将就巢鸡捆缚后白天放在光亮处，晚上放在通风处，可以抑制催乳素的产生。

（2）鸡翎穿鼻，用鸡翎穿鼻的鼻膈（母鸡的除抱穴位在两鼻孔之间），并让插留于鼻孔，使母鸡受到连续的刺激，让其抱不成窝。

（3）药物催醒，每天每只鸡喂一片去痛片（0.5克）或一片盐酸奎宁片（0.12克）；也可喂阿司匹林1片，每天2次，连喂2～3天；用丙酸睾丸酮肌注，每千克体重12.5毫克，第二天再注射一次，但是此方法影响受精率和产蛋率，不建议使用。

第三节　肉　　鸽

一、肉鸽的品种和经济价值

（一）肉鸽的品种介绍

鸽属于鸟纲、鸽形目、鸠鸽科、鸽属，主要用于肉食、体育竞翔和观赏，肉用乳鸽饲养现已发展成为一种新兴的养禽业。在我国肉鸽的主要品种有以下七种。

1. 石岐鸽　是由中山的海外侨胞带回的优良种鸽与中山本地优良鸽品种进行杂交培育而成的。毛色基本为白色，体型较长，翼及尾部也较长，形状如芭蕉的蕉蕾，平头光胫，鼻长嘴尖，眼睛较细，胸圆。年可生产乳鸽7～8对。成年体重公鸽0.75～0.80千克，母鸽0.65～0.75千克。

2. 良田王鸽　是美国白羽王鸽等品种配套杂交选育而成。良田王鸽胸部肌肉饱满，躯体中等长度，头颈尾部较似石岐鸽，尾羽稍上翘，呈小羽形，全身皮肤白色。生产性能良好，年可生产乳鸽8对。成年体重公鸽0.70～0.78千克，母鸽0.55～0.65千克。

3. 杂交王鸽　来源于美国引进的白王鸽。杂交王鸽体型中等，全身羽毛为白色，身体较长，尾较平，繁殖性能优秀，年可生产乳鸽10对以上。成年体重公鸽0.65～0.75千克，母鸽0.55～0.65千克。

图3-2　白王鸽

4. 欧洲肉鸽　是2002年引种于法国的肉鸽品种，有3个曾祖代品系（Ⅰ、Ⅱ、Ⅲ型）。Ⅰ型是高产系，Ⅱ型是兼有Ⅰ和Ⅲ型特点的兼用品系，Ⅲ型是快大系。欧洲肉鸽体型超大，胸部肌肉发达，躯体中等长度，全身羽毛为白色。Ⅰ型繁殖性能优良，每年可生产乳鸽12对。成年体重公鸽0.75～0.85千克，母鸽0.70～0.75千克；Ⅱ型属兼用系，体型和生产性能介于Ⅰ和Ⅲ型之间；Ⅲ型种鸽体型超大，成年体重公鸽0.85～0.90千克，母鸽0.80～0.85千克。

5. 新白卡　以白卡奴为原型，经过多个世代选育而成。该品种饲养成本低、产量高，容易获利，且鸽肉厚、脂肪少，结缔组织丰富，深得食客喜爱。新白卡体型与王鸽相似，比欧洲肉鸽略小，结实雄伟，有挺直之姿，粗颈短翼，阔胸矮脚，尾巴斜向地面；生产性能略高于白羽王鸽。成年体重公鸽0.70～0.75千克，母鸽0.65～0.70千克。

6. 深王鸽　以美国白王鸽为原型，导入石岐鸽优良性状，选择体型超大后代，经过4个世代选育而成，属快大品系。深王鸽全身羽毛纯白，胸肌突出平圆呈峰状，尾羽短而平，头粗胸阔，羽毛紧密，年产乳鸽8对。成年体重公鸽0.75～0.80千克，母鸽0.65～0.70千克。

7. 泰深鸽　以法国泰克森为原型，经过4个世代选育而成，是国内目前唯一的雌雄自别的肉鸽新品系。泰深鸽体型中等，通常公鸽羽色为全白或少量黑白相间、黄白相间的羽毛，颈上有黑白或黄白花的项圈，母鸽羽毛为灰二线，与石岐鸽相似，年产乳鸽8对。成年体重公鸽0.65～0.70千克，母鸽0.60～0.65千克。

（二）肉鸽的经济价值

1. 营养价值　肉鸽不仅肉质细嫩、味道鲜美，而且营养价值很高，是高蛋白、低脂肪的食品，鸽肉蛋白质含量在24%左右，超过猪、牛、羊、兔和鸡、鸭、鹅等，而脂肪含量在0.7%左右，此外鸽肉还富含10多种氨基酸和微量元素。鸽肉容易消化，其营养成分也容易为人体所吸收，至今流传着“一鸽胜九鸡，无鸽不成席”的美誉。

2. 药用价值　肉鸽不仅是名贵佳肴，而且是高级滋补佳品，鸽肉有药用之功效。实践表明，鸽肉对产妇、手术后病人、久病体弱和老年人，是一种传统的保健珍品。白鸽的骨头早在400多年前就已成为中成药“乌鸡白凤丸”的主要组成部分；乳鸽骨内含有的软骨素，可与鹿茸相媲美，经常食用，可使皮肤增白，具有一定的养颜功效。用乳鸽和一些中草药制成药膳对健忘失眠、头晕、头痛、神经衰弱、小儿疳积、妇科等多种疾病、手术后的病人都有良好的疗效；鸽肉中维生素B_{12}含量较高，对毛发脱落、湿疹和未老先衰等有一定的疗效。

（三）肉鸽的繁殖特点

肉鸽4月龄左右开始发情；5～6月龄可配种。以一雄一雌为配偶，雄鸽常发“咕咕”叫声。雌鸽配种后才产蛋，每窝一般产2蛋，每年可产6～8窝，平均相隔40～50天产一窝。孵化期17～18天。适宜繁殖年龄为2～5岁。寿命一般10年左右。

二、肉鸽的饲养管理

肉鸽在不同的发育阶段对饲料营养、环境控制和饲养管理有所不同，通常将肉鸽分成四个阶段：乳鸽、童鸽、青年鸽和生产鸽。规模化鸽场尽可能做到“四同步”，即同步配对、同步产蛋、人工同步孵化和人工同步喂养。

（一）乳鸽的饲养管理

乳鸽的饲养管理包括两个方面：一方面是对乳鸽正常的日常饲喂和管理；另一方面是指乳鸽的育肥，以保证乳鸽上市时的质量。

1. 日常饲喂及管理　从乳鸽孵出至离巢出售或离巢作后备种鸽在30日龄以下的雏鸽称为乳鸽。肉鸽属晚成鸟，刚出壳的雏鸽体重18～22克，眼不能睁开，全身有黄色绒毛，卧伏于亲鸽腹下，不能行走，不能独立采食。出壳后12小时左右，雏鸽会本能地用头部触动亲鸽腹部和嗉囊，亲鸽即含住乳鸽的喙，将鸽乳吐入乳鸽口中由乳鸽吸吮。3～4天后，乳鸽食量日增，消化能力极强，排出大量黏稠的粪便，很容易污染巢盆。亲鸽从第6天后哺喂的是浆粒料，一半近似鸽乳，另一半是亲鸽吐喂的微颗粒糊状饲料，可能有少数乳鸽不能适应，会出现一些消化道疾病，如消化不良、嗉囊炎等。2周后的乳鸽还需亲鸽喂以颗粒粮食，与亲鸽所吃饲料相同，高产亲鸽又开始产卵，进入下一个孵化期，无心喂养乳鸽。20～25日龄后，乳鸽已经能够在笼上自由活动，但仍不能啄食，还需亲鸽哺喂，但亲鸽做出不愿哺喂动作，以迫使乳鸽自己学会啄食。25日龄后的乳鸽要进行断乳，及时脱离亲鸽，以便亲鸽进入下一个繁殖期。

乳鸽整个阶段生长发育迅速，出壳时体重 20 克左右，6～7 天体重可达 140 克左右，10 日龄达 230 克，25～28 日龄达 550 克，30 日龄达 600 克左右，此时乳鸽外貌与成年鸽十分接近，乳鸽在一个月时间内，体重增加了近 30 倍，这是肉鸽生产的一大优势。从乳鸽增重来分析：1～15 日龄，乳鸽增重最快，20 日龄后由于羽毛生长速度快，影响增重，28 日龄后亲鸽停喂，体重增重又下降。作为商品乳鸽最适合上市日龄在 25～28 日龄。

2. 调教亲鸽哺喂乳鸽　雏鸽一出壳，饲养人员即应密切注意亲鸽的哺喂能力，少数初产亲鸽或抱性不强的亲鸽，无哺喂乳鸽的经验，要及时调教。方法是将乳鸽的喙小心地插入亲鸽的口腔中，经过多次重复，直到亲鸽能帮助乳鸽把嘴插入自己口腔吸吮鸽乳为止。如经过调教后仍不会哺喂者，应及时把乳鸽调到相近日龄的雏鸽窝里并窝。

3. 调换乳鸽的位置　同窝的 2 只乳鸽因其出壳时间存在先后，一般先出壳的那只乳鸽往往长得较快，也有的亲鸽每次都先喂同一只乳鸽，促使先喂的那只乳鸽长得较快，会出现同一窝乳鸽体重差异相差较大，出现上述情况后，应在乳鸽站立之前(6～7 日龄)，将巢盘中乳鸽位置互相调换，这样亲鸽可先喂体重小的一只乳鸽。

4. 调并乳鸽　调并乳鸽是提高种鸽的利用率的有效措施之一。因为并雏后，不带雏的种鸽可以提早 10 天左右又产下一窝蛋，缩短了生产周期。正常情况下一对亲鸽每个繁殖期产 2 枚蛋，孵出 2 只乳鸽，但由于异常情况导致死胚蛋或死鸽时，就成单鸽了。此时需把那些日龄、大小相近的单鸽并给哺喂性能好的亲鸽代喂。同窝 2 只雏鸽相差较大，也可调并给合适的亲鸽代喂。亲鸽的鸽乳随着乳鸽日龄的增加，其质量和数量都有所降低，所以一般并给乳鸽日龄较小的亲鸽带喂可得到较好的营养。

5. 保持窝巢清洁　乳鸽食量大，排粪多，很容易污染巢穴，应经常更换垫料，保持巢穴的干燥清洁。因为这时的乳鸽身体抵抗力很差，若在污秽的环境中容易感染发病。

6. 注意饲料调换　乳鸽出壳后1～2天，亲鸽喂给不含任何谷物的鸽乳。到第3～4日龄时，亲鸽的鸽乳中便开始混有整粒谷物了，但这些谷物都是小颗粒的。到大约7日龄时，雏鸽的嗉囊中开始出现如豌豆和玉米大的颗粒料，有少数乳鸽不能完全适应，引起消化不良，发生嗉囊炎、肠炎或死亡等现象，这是乳鸽饲养的一个难关，因此应调换亲鸽的饲料，需提供新鲜、颗粒较小、易消化的谷类、豆类等籽实类，也可加工成小颗粒或将谷类籽实浸泡晾干再喂，还可以喂些酵母片等健胃药，以帮助消化。

7. 饲料中添加营养性添加剂和保健砂　乳鸽的生长发育速度很快，需要足够的营养物质。采用玉米、豆类配出的饲料中营养物质往往不平衡，需要在亲鸽饲料中加喂适量蛋氨酸、赖氨酸、复合维生素等营养物质，才能满足乳鸽的营养需要，提高生长速度。保健砂中应含有矿物质、健胃助消化的中草药和多种维生素等物质，以帮助消化和预防疾病，促进鸽子的生长发育。

8. 提早断乳，及时离亲　乳鸽上市日龄一般在25～28日龄，为了提高亲鸽的利用率，增加产蛋量和乳鸽供应量，必须让乳鸽尽早离开亲鸽，对乳鸽需要人工哺喂。对15日龄的乳鸽，体重达400克左右，羽毛已基本长齐，可以捉离巢盆，人工哺喂，在上市之前进行一周左右的填肥。随着养鸽科学技术的进展，乳鸽10日龄就可断乳，进行人工哺喂，效果较好。有些鸽场在1日龄和7日龄断乳，人工哺喂效果一般。

9. 乳鸽育肥　20～25日龄乳鸽体重达400～500克以上便可以出售，但此时乳鸽的肌肉含水量高，皮下脂肪少，肉质较差，而经填肥的乳鸽，烹调后其皮脆肉质香嫩，所以应在上市前5～7天进行人工育肥。一般用于人工育肥的乳鸽要选择15～17日龄、体型较大、体重在350克以上、健康无伤残的乳鸽。育肥主要的饲料有玉米、糙米、小麦和豆类等，适当补加食盐、禽用复合维生素、矿物质和健胃药。填肥前将饲料颗粒浸泡4～8小时，使之软化后再填喂。填肥一般在填肥床上进行，每只雏鸽每次填料50～100克（水料各半），每天填喂2～3次，每次填料完后要保证舍内外环境安静，让其充分休息。填喂方法有机械填喂、漏斗滴管填喂、手工填喂和口腔吹喂四种。

10. 疾病控制　应根据季节和气候变化，进行疾病预防。此外，应特别注意对鸽副黏病毒病的防疫工作。

（二）童鸽饲养管理

1. 初选、编号　1～2月龄的鸽称为童鸽，根据肉鸽留种的要求进行一次初选，凡符合本品种特征、生长发育良好、没有缺陷、体重已达标准的乳鸽，应建立完整的系谱档案，被选留的童鸽必须编号、登记，带上脚圈。

2. 30～50日龄童鸽的饲养管理　适当延长3～5天的哺喂期，被选为留作种用的乳鸽一般于30～35日龄时离开亲鸽转为群养而进入童鸽饲养阶段，其生活环境和饲喂方式发生了很大的变化，对乳鸽来说，有一个逐步适应的过程。如果管理不善，就很容易引起生长受阻或生病死亡。童鸽的饲料应是颗粒饲料或软化饲料，保健砂中补充微量元素，饮水中添加维生素，在饲料中适当添加钙质、鱼肝油、酵母片等，用来预防童鸽的软骨病和消化不良症。对不会采食的童鸽，要训练采食。

规模化鸽场，常设有保育床（育雏笼），一般饲养3对/米^2，每群20～30对为宜。如果采用地面平养，则应在地上铺设柔软的垫料，如稻草、木屑和麻袋片等。不论笼育还是地面平养，都应加强童鸽的保暖。在保育床上喂养15天后，童鸽对新的环境已有了适应能力，可以从“保育床”上移到网栏上饲养，每群可养50对，这时要求有较大的活动场地和飞翔空间，一般室外要有在鸽舍2倍以上的活动场地，其内设有栖架、水槽和饲槽。

3. 51～60日龄的饲养管理　50日龄的童鸽就开始换羽，第一根主翼羽首先脱落，以后每隔15～20天又换第二根。同时副主翼和其他部位的羽毛也先后脱落更新。换羽期的童鸽生理变化大，对外界环境条件变化的适应能力差，抗病力低。50～80日龄的童鸽发病率和死亡率是整个肉鸽饲养过程中最高的，在饲养管理不善的情况下易暴发毛滴虫病和念珠菌病，还易受沙门氏菌病、球虫病等感染，常发生腹泻、感冒和咳嗽等，所以这个时期除精心管理、增加童鸽的抗病力外，还要选择有效的药物交替使用，做好鸽群疾病的预防工作，从而提高童鸽的成活率。

（三）青年鸽的饲养管理

3～6月龄的鸽称为青年鸽。青年鸽饲养管理得好坏，会直接影响到种鸽的生产性能，因此必须进行精心培育。

1. *青年鸽的生理特点*　青年鸽对外界的适应性强，新陈代谢旺盛，活动量和采食量增加，第二性征逐渐明显。为了防止采食过多，出现过肥、早熟等不良现象，应适当限饲，饲料中粗蛋白的含量达14%左右，每天每只定量35～40克，分2次饲喂。

2. *实行公、母分群饲养*　在一般情况下，这阶段鸽子未达到性成熟，公鸽在3月龄左右开始表现雄性，而母鸽在5月龄以后才接受交配，所以通常在4月龄时要进行公、母鸽分群饲养，防止早配。

3. *第二次选种*　对不符合种用标准的鸽子，如体重不达标、体形不符合要求，或有残疾、疾病等，应及时发现，立刻淘汰，作商品鸽出售。

（1）肉鸽的外貌要求　体质健壮，结构匀称，发育良好，性情温顺，采食性强，额宽而长，龙骨直而不弯，腹大柔软，胸宽深且向前突出，背平宽而长，雄鸽耻骨坚硬、母鸽耻骨细软且宽，全身羽毛光洁润滑，紧贴身体。

（2）肉鸽的体型要求　体型较长，但尾不垂地，胸宽且深，体重适中，雄鸽600～800克、雌鸽500～700克为宜。体型太大，生产性能相对较差，产卵、孵化及育雏能力不理想；而体型较小时，乳鸽的生长速度较慢，上市体重达不到要求。

4. 设置水浴池　鸽子十分喜爱洗浴，通过洗浴可达到清洁羽毛和皮肤的目的。每月在洗浴水中放一定量的杀虫剂，以驱除体外寄生虫。洗浴次数夏季每天1次，冬季每周1次，每次15～30分钟。洗浴完毕必须及时拿走浴盆，以免鸽子饮用脏水；也可设沙浴，将暴晒过的干沙混入少量硫黄粉铺成10～15厘米的厚沙池，让鸽子自行沙浴。

5. 定期驱虫防疫　由于青年鸽是群养，卫生条件较差。在长达几个月的饲养过程中，相互感染内外寄生虫的情况普遍存在。因此，在配对前2周应进行一次驱虫和预防接种。

（四）生产鸽的饲养管理

生产鸽是指6月龄以上由青年鸽转入配对后的肉鸽，也称种鸽，已经育雏的鸽称为亲鸽。生产鸽有与其他禽类不同的生产特点，其生产过程是产蛋→孵化→出雏→哺喂→产下窝蛋，呈周期性循环，一个生产周期一般为35～60天。生产鸽根据其繁殖的周期特点，可分为配对期、孵化期、哺乳期和换羽期，在不同的生理阶段，饲养管理上也应采取相应的技术措施。

1. 配对期的饲养管理　青年鸽到5～6月龄时已完全发育成熟，具备了繁殖能力，这时可进行配对。配对可采用自然配对，也可采用人工配对。小群放养肉鸽多采用自然配对，首先对性成熟的鸽子进行公、母鉴别后，按1∶1的公、母比例，让鸽子自由寻找对象，配对后，给每一对带上相同颜色的脚环，以便识别，如后代乳鸽品质良，则让这一对继续繁殖，否则拆开重新配对，这种配对方法优点是方便、花费人工少；缺点是配对时间长，易造成近亲繁殖。对规模较大的鸽场可采用人工配对，即将已鉴别好公、母鸽一对对关入设有活动隔网的笼中，对已达到性成熟的鸽子生活在一个笼的两边，很快建立感情，当两鸽子喜欢互相接近时，将笼中的隔网取出，不发生打斗，则表明配对成功。配对后应注意配对异常情况，如有无两鸽全公或全母；有无母鸽不成熟或一方恋旧；有无产蛋异常；有无踩破蛋或不孵蛋，发现异常情况，应重新配对。

配对后应加强生产鸽的饲料营养，保健砂要供应充足，并适当增加蛋壳等含钙、磷的矿物质，以提高鸽蛋的重量和质量。准备好垫料，垫料可用盘或锅底状的稻草窝，覆盖双层旧麻袋布。麻袋布脏了洗净晒干可重复使用。对那些常把蛋产于巢盆外的母鸽，应注意及时将其赶入鸽巢产蛋。

2. 孵化期的饲养管理

（1）应保证种鸽营养供应全面，注意保健砂的供应。

（2）应保持鸽舍内外的安静，避免老鼠、猫等动物的干扰，以防止影响产鸽孵蛋的情绪，导致不孵蛋或蹬破蛋。

（3）要定期照蛋，一般在产蛋后的第4～6天和第10～12天各照蛋1次，捡出无精蛋和死胚蛋。如果仅剩单只有精蛋，可将同一日龄或相差不超过1天的单只蛋并窝，使没有孵化的产鸽尽早交配产蛋。

（4）对于无力破壳的难产鸽，要施行人工助产，即人为帮助剥开蛋壳，让雏鸽出壳。

（5）在夏季要注意防暑降温，因天气炎热，孵化后期易引起死胚；冬季防寒保暖，防止鸽蛋冻裂和乳鸽冻伤。

3. 哺乳期的饲养管理　见乳鸽的饲养管理。

4. 换羽期的饲养管理　一般每年夏末秋初（8～10月份），也有部分鸽在春天或受到突然应激也会换羽，时间延续1～2个月，除少数高产鸽在换羽期间不停产或基本不停产外，一般都要停产。换羽有自然换羽和强制换羽，自然换羽因个体差异，快慢早迟不一，笼养鸽有的开始发情，有的还无动于衷，无形中延长了休产期，为避免以上问题，可采取强制换羽。目前强制换羽还没有成熟的方案，可采取限制饲养，具体做法是采用降低日粮中蛋白质含量或减少投料量或停喂1～2天（只供水），以促使产鸽缩短换羽时间，换羽完毕，再逐渐恢复正常喂料，并逐渐增加饲料中的蛋白质水平，在保健砂中添加维生素、含硫氨基酸和石膏等，以使羽毛正常生长和恢复产蛋。

换羽期是重新调整和整顿鸽群的最佳时期，在这期间可同时进行选种、驱虫、免疫接种、重新配对和笼舍内外的消毒工作。

第四节　珍　珠　鸡

一、珍珠鸡的品种和经济价值

（一）珍珠鸡的品种介绍

目前世界各地所饲养的珍珠鸡，主要是原产于非洲的灰顶珍珠鸡及在其基础上培育出的灰色珍珠鸡、白色珍珠鸡及淡紫色珍珠鸡等，其中灰色珍珠鸡是目前我国饲养量最多的一种珍珠鸡。

图3-3　珍珠鸡

（二）珍珠鸡的经济价值

1. 珍珠鸡肉质细嫩、营养丰富、味道鲜美　与普通肉鸡相比，蛋白质和氨基酸含量高，而脂肪和胆固醇含量很低，是一种具有野味的特禽。

2. 屠宰率高，可食部分多　珍珠鸡骨骼纤细，头颈细小，胸腿肌发达，身体近似椭圆形。活重1 700克的珍珠鸡，屠宰体重为1 544克，占活重的91%，半净膛1 415克，占活重的83%，可见其屠宰率和出肉率都较高。

3. 珍珠鸡各项生产性能均较高　种母鸡自28周龄开产，一个产蛋期可产蛋160枚左右，提供雏鸡110只左右，每只种鸡产蛋全程耗料40～44千克。商品肉珍珠鸡最佳屠宰时间为12～13周龄，活重可达1 300～1 500克，肉料比为1∶2.7～2.9。

4. 珍珠鸡适应性好，抗病力强，对设备和房舍要求简单，耐粗饲、易饲养，所以从事珍珠鸡饲养业投资少、周转快、效益高。此外，珍珠鸡个体大小适中，既适于普通家庭一顿食用，更是宴席上的高档肉禽。

（三）珍珠鸡的繁殖特点

珍珠鸡的性成熟期一般在28～30周龄，产蛋多集中在4～9月份，产蛋高峰在6月份。人工饲养条件下公母比以1∶4～5为宜，但由于珍珠鸡仍保留有对雌雄配对的选择特性及种蛋受精率与季节、温度有关，故自然交配受精率较低（30%左右）。为了提高珍珠鸡的种用价值，克服因择偶性和季节性所造成的局限，可在配种季节进行人工授精，人工授精率可达87%～88%。珍珠鸡在26～66周龄时为产蛋期，31～32周龄产蛋率可达50%，35周龄达到产蛋高峰，种公鸡在32周龄才能产生合格的精液。

二、珍珠鸡的饲养管理

珍珠鸡在饲养过程中，根据其最终的生产目的，常分为种用珍珠鸡和商品肉用珍珠鸡。种用珍珠鸡常划分成育雏期、育成期、产蛋期及休产期四个饲养阶段；商品肉用珍珠鸡因饲养时间较短，分为育雏期和肥育期两个饲养阶段。

（一）种用珍珠鸡的饲养管理

1. 育雏期的饲养管理　种用珍珠鸡的育雏期是指0～4周龄这段时间。留作种用的雏珍珠鸡应当出壳时间正常，眼睛明亮有神，绒毛干净有光泽，身体健壮，无畸形，脐部愈合良好，腹部软而有弹性，叫声响亮，挣扎有力，体重适中。

(1) 育雏前的准备　雏珍珠鸡从出雏器转入育雏室前，应彻底清扫室内各角落，冲刷笼架、水槽、料槽等用具，然后用福尔马林熏蒸消毒24小时，空置2天后，再用菌毒敌或百毒杀等药液按说明剂量喷雾，地面用药液0.5～2升/米^2，墙壁和天花板用药0.5～1升/米^2。消毒后对育雏室进行预加温，使育雏前24小时达育雏温度，并保持恒定。在育雏室门口应设置一个生石灰盘或放一个浸泡在2%的氢氧化钠溶液或其他消毒药液中的草袋或布垫，以便人员出入时随时对鞋或车辆等消毒。

(2) 育雏条件　珍珠鸡育雏期的生长速度较快，体温调节机制尚不健全，对饲养环境的要求较高。因此，育雏期间必须满足幼雏对温度、湿度、空气、光照、营养、卫生等条件的需要，为幼雏的生长发育创造良好的环境条件。

①温度　温度是育雏的首要条件，应随着育雏季节、育雏形式及幼雏的身体状况的不同做出相应的调整。一般第1～3天，育雏温度应维持在34℃左右，从第4天起，每天下调0.3℃，直至脱温。测量育雏温度时，温度计应挂在育雏器的边缘，较幼雏背高出3～5厘米。测量室温的温度计应挂在距离热源稍远的地方，高出地面1米左右。

②湿度　幼雏从相对湿度70%的出雏器中孵出，如果随即转入干燥的育雏室中，幼雏体内水分会随着呼吸而大量散发，造成腹中剩余卵黄吸收不良，饮水增加，下痢，脚趾干瘪，羽毛生长缓慢等。因此，在育雏的头一周可用水盘或向地面喷洒清水，使室内保持60%～65%的相对湿度。1周以后，随着幼雏体重的增加，呼吸量及排粪量也随之增加，育雏室内湿度上升，可通过增大通风量、更换垫草等方式，使室内相对湿度降至55%～60%。

③通风　通风的目的是排出室内的污浊空气，换进新鲜空

气，同时调节育雏室内的温、湿度。幼雏的体温较高，呼吸快，代谢旺盛，单位体重呼出的废气比大家畜高出2倍以上，同时其粪便中含有大量的有机物，在温度和水的作用下，被微生物分解出大量氨和硫化氢气体，如不及时将这些废气排出，将严重影响幼雏的健康，甚至造成死亡。因此，开放式育雏舍应在天气晴好的中午打开门窗，利用自然通风解决这一问题，在冬季和早春育雏时，为保证育雏温度，应安装纱布气窗，或用几层麻袋钉在通风口处，以保证自然通风；密闭式育雏舍的通风，主要采用排风扇向外抽排污浊空气。通风情况以人进入室内不感觉憋闷、刺鼻为适宜。无论采用哪种通风形式，都应避免贼风和过堂风，更不能将冷风直接吹到幼雏身上，以免幼雏受凉感冒。

④光照　珍珠鸡刚出壳时视力较弱，为促使其尽快适应周围的环境，获取充足的饲料及饮水，在育雏的前3天应保证24小时光照。从第4天起每天采用自然光照，密闭式鸡舍每天保持8～12小时人工光照，以控制其提早达到性成熟。

⑤密度　出壳时珍珠鸡幼雏的体重大约30克，至育雏结束时可达280克左右，比出生重增加8～9倍，因此饲养密度应随日龄的增加，做出相应调整。一般1周龄时饲养50～60只/米^2，2周龄时饲养30～40只/米^2，3～4周龄时饲养20～25只/米^2。此外，育雏密度也因育雏方式及育雏季节的不同而略有差异，一般平养时，密度小些，笼养时密度稍微大一些；夏季育雏时密度小些，冬季及早春育雏时密度可稍大一些。

⑥卫生防疫　幼雏的抗病力较差，而且饲养密度较大，一旦感染疫病，难以控制，因此除做好育雏室的环境卫生外，还要定期对室内进行消毒，制定严格的免疫及用药程序，共同遵守，严格执行。下面给出的免疫程序可供参考。

1日龄（在孵化室内进行）：颈部皮下注射火鸡疱疹病毒疫苗（HVT），预防马立克氏病，每只0.2毫升。12日龄：新城疫Ⅳ系疫苗滴鼻或饮水。18日龄：传染性法氏囊弱毒苗滴鼻或饮水。28日龄：传染性法氏囊灭活油佐剂苗饮水。

（3）育雏方式　珍珠鸡的育雏方式可分为地面散养、地板网平面饲养和笼养。地面散养时，冬、春季应铺以5～7厘米厚的垫草，夏季地面铺沙土再加一层薄垫草。垫草应清洁、干燥、无霉变，铡成长5～7厘米。采用地板网平养时，网面可以用铁丝或木、竹制成。网的间距（或网眼大小）要适宜，一般为1.2厘米间距或1.2厘米×1.2厘米的网眼；网面高度60～70厘米，整个网面以活动的为好，以便鸡群转出后，能揭开网面清除粪便和清扫鸡舍。采用地面散养或地板网平养时，要按育雏的数量配备并均匀放置水槽和食槽，供暖设备可以是火炉、火墙、火炕或育雏保温伞。如果育雏房舍不是很宽裕，也可采用立体笼式育雏，笼的规格可参考家鸡育雏笼，供暖设备可选火墙、电动暖风或煤炉。

（4）饲喂制度　幼雏出壳时，消化机能较弱，且消化器官的容积较小，因此，饲料的适口性要好，易消化，营养丰富，符合卫生标准。每只幼雏的料位不少于2.5厘米，水位不少于0.6厘米。

①开食　雏珍珠鸡进入育雏室后，先稳定30分钟，然后开始喂食。开食料最好采用玉米粉或用热水等浸泡过的小米或碎米等。5天后改用幼雏全价配合料。为提高饲料营养，每100只幼雏每天饲喂2枚熟鸡蛋（头3天只喂蛋黄）。鸡蛋要粉碎后拌入饲料中，必须现喂现拌，以免饲料变质。育雏1周后，可将洗净的青菜叶放入育雏室内，供雏鸡自由采食，也可按1%～2%的比例切碎后拌入饲料中。由于幼雏的采食量少，应本着少喂勤添的原则，1周内每昼夜饲喂6～8次，一周后每昼夜饲喂4～5次。

②饮水　及时给幼雏饮水，有助于尽快补充机体损失的水分，帮助卵黄的吸收，促使脐部及早愈合。在开食的同时，可给幼雏饮用0.01%高锰酸钾溶液，以后改用清水，全天不间断供

水。一般 100 只雏珍珠鸡 1 周龄时，每天需水 1.5 升、2 周龄时 2.5 升、3 周龄时 4 升、4 周龄时 5 升。

2. 育成期的饲养管理　育成期珍珠鸡，根据其生长特点，一般可分成育成前期和育成后期两个阶段，育成前期指 5～8 周龄，育成后期指 9～25 周龄。

（1）鸡舍的形式　有密闭式鸡舍和开放式鸡舍两种。

①密闭式鸡舍　比较适合于四季温差较大的地区。舍内地面要求平整，方便清洗消毒，并要有自然通风和机械通风设备。育成期珍珠鸡可散养在铺有垫草或沙子的地面上，也可采用全地板网、2/3 地板网或 1/2 地板网饲养，舍内设置 50～60 厘米高的栖架，以供珍珠鸡休息。

②开放式鸡舍　适合于四季温差小，气温偏高的地区。这类鸡舍一般都设有运动场，运动场地面积是鸡舍面积的 3 倍，珍珠鸡可自由出入圈舍内外，运动场上设有栖架、水槽、食槽及沙浴池。由于开放式鸡舍的光照控制有一定难度，因此留种用的珍珠鸡最好选择 8 月末至 9 月初出生的幼雏。这一时期出生的幼雏，育雏结束后，日照时间逐渐缩短，可以控制其不至于过早达到性成熟；而且这一时期出生的幼雏，正好赶在第 2 年的 4 月份左右产蛋，有利于减少饲养成本。

珍珠鸡转入育成舍后，仍需对其进行人工控温，使室温控制在 20～24℃。供暖设备可以是保温伞、火炕、火墙，也可根据当地的具体条件来定。

（2）饲养密度　在舍内温、湿度适宜的情况下（温度 20～24℃，相对湿度 65%～70%），育成前期饲养 15～20 只/米^2，育成后期饲养 6～15 只/米^2。如果舍内温度较高，湿度加大时，饲养密度应酌情下调；如果室温较低，湿度也不高时，饲养密度也可酌情加大一些。

（3）光照　光照时间的长短，直接影响着珍珠鸡达到性成熟的日龄：光照时间过短，延迟性成熟时间；光照时间过长，使性成熟日龄提前。开产过早，蛋重小，产蛋持续短，产蛋率下降；开产过晚，繁殖期延长，增加饲养成本。因此育成前期每天光照时间维持在8～10小时之间，育成后期每天的光照时间维持在12～14小时。由于公珍珠鸡的性成熟期比母珍珠鸡晚1个月左右，因此育成后期的光照刺激，公珍珠鸡要比母珍珠鸡提前1～1.5个月，以加速公珍珠鸡尽快达到性成熟，为繁殖期做准备。需要注意的是：育成前期的光照时间只能逐渐缩短，不能逐渐延长，或忽短忽长；育成后期的光照刺激要逐渐延长，使珍珠鸡尽量在接近自然的状态下进入繁殖季节。

（4）饲喂制度　育成前期和育成后期的珍珠鸡，在营养需要上略有差异，应当按不同的标准配制日粮。另外，注意添加青绿饲料，在增加营养的同时还可降低饲料成本。这一时期的珍珠鸡可结合其健康状况及体重适当进行限饲。育成期的珍珠鸡5～13周龄时每天喂4～5次，13周龄后每天喂2次，每只珍珠鸡的料位不应少于7厘米。

育成期的珍珠鸡每日需水量较大，要注意饮水的清洁卫生，定期清洗、消毒水槽或饮水器，还要保证饮水充足。正常情况下，每100只珍珠鸡的日需水量为：5周龄6升、6周龄7升、8周龄9升、9周龄9.5升、10周龄10升、11周龄11升、12周龄以后12升。

（5）日常管理要点

①保持环境安静，减少刺激　工作人员进入鸡舍时动作要轻、稳，不可大声喧哗，服装的颜色尽量统一，饲喂及饮水用具不要随意更换或转移位置，防止其他动物或生人进入鸡舍，以免出现惊群现象。

②定期称重，合理限饲　合适的体况才能维持繁殖期高产、稳产的目标。过瘦或过肥都不利于种蛋的生成和产出，因此在育成后期应每2周抽查一次体重。称重时要随机取样，样品总数不得低于群体数的5%，为保证称量的准确性，称重时间应选在早

晨，珍珠鸡空腹时进行。然后，根据称重结果与标准体重的对比，通过控制饲喂量或调整饲料的质量以使其体况尽快达到标准。

③随时观察鸡群，及时解决问题　每天注意观察鸡群精神、采食、饮水及粪便等情况，并注意倾听珍珠鸡的叫声。一般1～60日龄的珍珠鸡极少鸣叫，只有捕捉时才发出鸣叫声；60日龄后，鸣叫声逐渐增多，甚至日夜鸣叫。如果发现鸡群精神不振、食欲下降、粪便异常、无鸣叫声，则应及时采取措施，以免造成损失。

④合理分群，预防疾病　弱禽或伤残禽往往是疾病的传染源，进行合理的分群不但有利于保持群体的整齐度，还可保证其他珍珠鸡的正常生长。育成期是决定珍珠鸡能否顺利进入繁殖期的关键，因此除应做好圈舍的清扫消毒外，药物及疫苗预防工作也很重要。

3. 产蛋期的饲养管理　珍珠鸡满25周龄后应转入产蛋鸡舍饲养，转群时应选择夜间或暗光环境下进行，抓鸡时动作要稳、准，避免造成过大的应激反应和伤亡。珍珠鸡一般28周龄开始产蛋，66周龄时产蛋结束，因此产蛋环境的好坏将直接影响到生产情况和经济效益。

（1）饲养方式　珍珠鸡自然交配的种蛋受精率只有30%左右，而采用人工授精技术却可以使种蛋的受精率提高到87%～90%。因此，除家庭式的小规模饲养外，珍珠鸡饲养场为方便人工授精，大多采用立体式笼养。

珍珠鸡种鸡笼一般采用2层或3层阶梯式笼，既可采用单笼饲养，也可采用集体笼养。无论采用哪种方式，每只种珍珠鸡所占的笼底面积都不能低于900厘米^2。由于采用人工授精技术时，要把珍珠鸡从笼门定期的抓进抓出，所以笼门的尺寸要合适，牢固耐用，开关方便。鸡笼的焊接处要牢固圆滑；没有暴露的铁丝头或其他物体，以免刮伤珍珠鸡。鸡笼前面供珍珠鸡采食、饮水用的空隙要宽一些，尽量不要设置横栅，以免鸡头频繁出入时刮伤或被卡住。

（2）饲养环境要求　珍珠鸡产蛋的适宜温度范围是15～28℃，因此应做好种鸡舍的保温和降暑工作。产蛋期湿度过大，不利于鸡体散热，特别是在高温季节。因此种鸡舍的相对湿度保持在50%～60%即可，并要注意保证通风顺畅，空气新鲜。产蛋期的珍珠鸡对光照时间的长短也有较高的要求。一般育成后期的公母珍珠鸡都实行分开饲养，到25周龄时公珍珠鸡每天的光照时间为13小时，母珍珠鸡的光照时间为11小时。进入种鸡舍后，在此基础上，每周各自再增加0.5小时的光照时间，直至达到每天16小时光照为止，并一直持续到产蛋结束。在整个产蛋期间，光照强度应维持在2～3瓦/米^2。

（3）饲喂制度　产蛋期珍珠鸡以自由采食和自由饮水为主，每只鸡的料位不应少于10厘米，每天喂3～4次，饲料品质要新鲜，营养要全面，并注意经常补充青绿饲料。在整个产蛋期间，平均每只珍珠鸡的日采食量在105～120克。

4. 珍珠鸡的人工授精技术　珍珠鸡满25周龄后，选择体重符合标准、体质结实、无伤残的健康珍珠鸡；按公、母比例1∶6～8选留种鸡转入种鸡笼，并实行公母分开饲养。为使其尽快适应笼养环境，饲料中应增加维生素和青绿饲料的供给量，3～5天后，视鸡群的适应情况，开始着手进行采精和输精的训练工作。开始时饲养人员要每天多接触鸡群，并经常靠近鸡笼抚摸珍珠鸡，待其适应后，开始抓鸡训练。抓鸡时动作要轻、稳，态度要温和。当珍珠鸡习惯与人接触，并变得很驯服时，就可以进行采精和输精训练了。

（1）人工授精所用器械　常用器械有集精杯、试管、显微镜、载玻片、盖玻片、输精管或注射器、稀释液及器械的清洗、消毒和烘干设备。

（2）人工采精　珍珠鸡的人工采精一般需两人共同完成。采精时一人将公珍珠鸡放在膝盖上，使头部位于左手下方。助手用剪刀剪去珍珠鸡肛门周围的羽毛（第一次训练采精时），然后用酒精对肛门及周围部位进行消毒。待酒精挥发干后，助手用右手握住珍珠鸡的两腿，将鸡固定。握鸡者开始用左手掌面适当地挤压公珍珠鸡的背部，并从翼根向尾部方向按摩，右手在肛门两侧有节律地挤压，经10～20秒钟后，公珍珠鸡便会翻出退化的交配器，并射出精液。公珍珠鸡的初次射精量大约在0.02毫升，条件反射建立后，每次射精量在0.08～0.1毫升。精液采集后，应立即进行检查。正常精液呈乳白色，精子的平均密度在60～70亿/毫升。精液检查合格后，便可用生理盐水按1∶1的比例稀释并在30分钟内输完。

（3）人工输精　输精时一人用右手将母珍珠鸡的双脚固定，翅膀夹在身体与右手臂之间。用左手的拇指和其余四指分跨在泄殖腔两侧，稍用力挤压，右手同时将母珍珠鸡的跖关节带向腹侧，泄殖腔便会翻出两个孔，左侧为输卵管。待输卵管口完全翻开后，输精者便可将吸有精液的输精管或注射器插入输卵管内2～3厘米，将精液输入。此时翻肛者将左手轻轻放开，使肛门复原，在输精管抽出的同时，右手将母珍珠鸡轻轻放回笼内。

（4）人工授精技术的注意事项　在实施人工授精技术时，动作要轻柔，避免珍珠鸡产生痛感。采精及输精的人员要固定，以免破坏已形成的条件反射。一般公珍珠鸡每3天采精一次，母珍珠鸡每5～7天输精一次，每次输精量为原精液0.013毫升或稀释后的精液0.02～0.03毫升。输精时间以大部分种鸡产完蛋的下午2～5时为好。

（二）商品肉用珍珠鸡的饲养管理

商品肉用珍珠鸡饲养管理的主要任务在于缩短饲养期，增加体重，减少饲料消耗，在提高存活率和商品合格率的同时，注意保持珍珠鸡的肉质风味和营养特点。商品肉用珍珠鸡的饲养设备可因地制宜、因陋就简，只要饲养管理得当，满12～13周龄的珍珠鸡，体重即可达到1.5千克以上。

1. 饲养方式　肉用珍珠鸡从育雏期开始，就采用平面饲养，每小群的数量一般控制在 500～1 000 只，舍内铺厚垫草，并设置一些栖架。为管理方便，最好采用“全进全出”制，即每个房舍或每个群体应是同一批珍珠鸡，一同进舍，一同出栏。出栏后将房舍及全部用具进行彻底清扫和消毒后，闲置 1～2 周，再引进第二批珍珠鸡。这种饲养方式可以有效地切断循环感染的途径，消灭舍内病原微生物，使鸡群始终生活在一个洁净、健康的环境中。

2. 饲养条件　同种用珍珠鸡一样，肉用珍珠鸡在幼雏期对环境的要求也较高，因此在温度、湿度、通风及饲养密度等方面，应给予充分的重视。

(1) 温度　肉用珍珠鸡在幼雏时对温度的变化反应敏感，温度偏低时，容易造成腹泻或死亡。因此在育雏的前一周保持34～35℃的育雏温度，一周后每天下调 0.5℃，至 6 周龄降至 20℃左右，并一直维持到屠宰上市。

(2) 光照　为促进珍珠鸡快速长成，从育雏期至出栏，每天应保证 12 小时的光照。开放式鸡舍，白天采用自然光照，不足时夜间应补充光照。

(3) 密度　为达到肉用珍珠鸡快速出栏的目的，饲养密度应适当减少。一般 0～3 周龄饲养 40 只/米^2，4～8 周龄饲养 15～25 只/米^2，9～12 周龄饲养 6～10 只/米^2。

(4) 通风　适度的通风有助于雏鸡的健康，当气温达到 24℃左右时，可将 3 周龄以后的雏鸡放到运动场上自由活动，晚间赶入鸡舍。采用密闭式房舍饲养时，可适当打开通气孔或门窗，促使舍内空气流动。

3. 饲喂制度　肉用珍珠鸡以自由采食和饮水为主，同种用珍珠鸡相比，其饲料的能量水平要高一些，同时饲料和饮水要充足。为保证鸡群的整齐度，减少饲料浪费，以饲喂颗粒料比较理想。从经济的角度看，肉用珍珠鸡应达到以下生产指标，才算理想：平均出栏时间不超过 13 周龄，上市体重不低于 1.5 千克，饲料报酬比控制在 2.8∶1 左右，全程死亡率不超过 5%。

第五节　鹌　鹑

一、鹌鹑的品种和经济价值

（一）鹌鹑的品种介绍

鹌鹑属于鸟纲、鸡形目、雉科、鹑属，是鸡形目中最小的一种，其头小尾秃，俗称“秃尾巴鸡”。其中，蛋用型的有日本鹌鹑、朝鲜鹌鹑、中国白羽鹌鹑、黄羽鹌鹑、自别雌雄配套系和爱沙尼亚鹌鹑；肉用型的主要有迪法克FM系肉鹑、中国白羽肉鹑和莎维麦脱肉鹑。

图3-4　鹌　鹑

（二）鹌鹑的经济价值

1. 营养价值高　鹌鹑肉质鲜嫩、营养丰富，并带有芳香野味，有“动物人参”之美称；鹑蛋白特别黏稠，蛋白质颗粒小，消化吸收的生物学价值明显高于鸡蛋。鹌鹑肉与鹌鹑蛋均富含谷氨酸，使其肉蛋鲜美芳香，同时鹑肉和鹑蛋的微量元素、氨基酸含量也极为丰富，普遍高于鸡肉、鸡蛋。

2. 药用价值　鹌鹑的肉、蛋、血均可入药。《本草纲目》中记载鹌鹑有“补五脏，益化壮气，实筋骨”的功用。鹌鹑蛋富含优质的卵磷脂、多种激素和胆碱等成分，对人的神经衰弱、胃病、肺病均有一定的辅助治疗作用。鹑蛋中含苯丙氨酸、酪氨酸及精氨酸，对合成甲状腺素及肾上腺素、组织蛋白、胰腺的活动有重要影响。从中医学角度出发鹑蛋性味甘、平、无毒，入肺及脾有消肿利水补中益气的功效。在医疗上，常用治疗糖尿病、贫血、肝炎、营养不良等疾病。

3. 理想的实验动物　由于鹌鹑具有孵化期短、体形小、耗料少、敏感性强、早熟、换代快等优点，是理想的实验动物之一。常被遗传学、营养学、疾病防治学、组织胚胎学及药理学等用作试验对象。

（三）鹌鹑的繁殖特点

鹌鹑开产早，只需45天左右，17天即可出雏，1对鹌鹑1年可繁殖4～5代。

二、鹌鹑的饲养管理

（一）鹌鹑育雏期的饲养管理

育雏期的饲养管理直接影响到生产性能的发挥和经济效益，应予以高度重视。由于鹌鹑初生至7日龄的体温较成年鹌鹑低3～4℃，须至10日龄后体温才恢复正常，而调节体温功能要到21日龄后才完善；此外，鹌鹑虽小，但其新陈代谢旺盛，生长迅速，对营养要求较高，所以必须为其提供全价营养的饲料。

1. 接雏准备工作　按照育雏计划数量，准备好育雏室、育雏笼、饮水器、食槽、保暖火炉与保暖电器、照明灯，全部予以检修。育雏室、笼具等进行熏蒸消毒，或用喷灯火焰消毒。在进雏前1天开始升温，使室温达到22～24℃，笼温达到35～37℃（指雏鹑背部水平温度）。头1～2天可在笼底铺上深色的纱布，食槽加足量食料，饮水器中加好水（如系长途运输进雏，可配制5%～8%葡萄糖水）。备足饲料。

2. 初生雏鹑的选择　选择强雏，淘汰所有迟出壳及畸形雏。

强雏主要表现在：按时出雏；羽毛整齐有光泽；腹部收缩良好，大小适中，柔软，卵黄吸收良好；脐部愈合良好，无血痕，脐带愈合良好，有绒毛覆盖；反应灵敏，活泼好动，眼大有神；体重大小均一；泄殖腔附近干净；喙、脚、腿、爪等正常；绒毛色彩符合品种要求。

3. 初生雏鹑运输　所有运输工具均可，但须防日晒雨淋，防振荡，要注意保暖，同时防止过热“出汗”，要适时散热通风，大量运雏时要有专人押运。夏季要防暑降温，不要将运雏笼堆扎太多，要交叉叠放；冬天则要在箱四周围上尼龙编织袋，顶口留空隙，根据温度调节顶口大小；长途运输则宜围上纱布（如空运）。到目的地后迅速上笼保暖、休息和饮水。

4. 温度控制　温度是育雏的首要条件，育雏温度过低时应及时调温；反之，如温度偏高，灯泡下无雏鹑，避于四周，并张口喘气，应将灯泡调高或换成瓦数稍小的灯泡。育雏过程中切忌温度忽高忽低，易诱发白痢病，直接影响生长发育。温度应根据品种、品系、季节、育雏设备等进行适当调整。例如白羽鹌鹑1～3日龄为35～36℃，4～5日龄为34～35℃，6～10日龄为34℃，10～20日龄为30～32℃，21～35日龄为30℃，以后逐步脱温，朝鲜鹌鹑、黄羽鹌鹑及其杂交雏，育雏温度可比白羽鹌鹑略低些。

5. 饲养密度　密度根据地域季节的不同而有差别，鹌鹑的饲养密度可参考表3-2。

表3-2　鹌鹑的饲养密度

鹌鹑日龄	饲养密度（只/米^2）	每群饲养数（只）
1～7	100～150	300～400
8～14	80～100	200～300
15～21	60～80	150～200
22～30	50	100

6. 开水　雏鹑第一次饮水称开水。第一次饮水可在水中加入5%～8%的葡萄糖，以补充雏鹑体水分和能量，刺激食欲，促进胎粪排出，并有助于饲料的消化与吸收。有条件的前5天喂温水，为防止雏鹑饮水时羽毛潮湿或淹死，应配置专用小型自动饮水器。

7. 饲喂　在开水后 2 小时开始喂料食，预防白痢病的药物也可拌在饲料内，但要注意严格用量和搅拌均匀。将饲料撒在开食盘内，自由采食；也可每日饲喂 6～8 次，定时定量。每周龄抽样称重，并与标准（或参考）体重对照。统计饲料消耗。检查羽毛生长发育和成活率情况，及时改进饲养管理。

8. 光照　育雏期的光照时间控制原则是光照时间只能减少，不能增加。前 3 天可采用强光照，时间可适当延长，有助于雏鹌鹑的采食和饮水，1 周以后避免强光照，照度以鹌鹑能看到吃料为宜，35 日龄后，光照逐步达到产蛋期的要求，产蛋高峰光照时间要求达 16 小时，如自然光照不足，采用人工光照补充。

9. 通风　在不影响鹌鹑舍温度的前提下，应尽量保持室内空气新鲜，对有害气体的测定在无检测仪器的条件下，以不刺眼、不流泪、不呛鼻、无过分臭味为宜。

10. 卫生消毒　盛粪盘每天清扫 1～2 次。饮水器每天须清洗、消毒 1 次。喂湿料的食槽，在加料前必须清洗干净，防止霉变发酵。做好防鼠害和防蚊蝇、防火灾、防煤气中毒等工作。

11. 经常观察鹌鹑群动态　观察饲料及饮水消耗情况，如有异常，查明原因采取对策；正常鹌鹑粪较干燥，呈小螺丝状，其颜色、稀稠与饲料组成有关。如发现鹌鹑粪呈红色、全白色、绿色，必须查明原因。发现弱雏、病雏及时隔离观察，对死雏及时解剖诊断，并采取有效措施。此外，雏鹑在 1～5 日龄期有相当的野性，有极强的敏感性与逃窜性，因此必须在笼具正面用一片尼龙纱网挡板，防止逃窜失控。所有笼具务必堵好孔洞或缝隙，防止逃窜或挤压导致伤亡。

12. 做好育雏记录　如存栏数、死亡数、耗料量、免疫日期与种类、防治鹌鹑病记录、剖检记录、育雏温度、湿度、气温、天气情况等。

（二）育成期的饲养管理

鹌鹑22～35日龄或至42日龄（即性成熟期）前为仔鹑阶段。这阶段仔鹑生长发育快，栗羽型的雌、雄已可鉴别，羽毛也同初级羽脱换成永久羽。公鹌鹑体重已接近成鹌鹑体重，至1月龄左右已开啼，可逐渐离温。部分母鹌鹑至40日龄左右已见蛋。本阶段对种用仔鹌鹑实行适度限饲与光照控制，防止性成熟过早。

1. 限制饲喂　采用仔鹌鹑专用饲料，将粗蛋白从22％～24％降为17％；或限制种鹑饲料喂量，或喂育成期蛋鸡饲料，以控制性腺发育；同时缩短光照或控制在14小时以下。

2. 公、母分养　至3～4周龄时，实行公、母鹌鹑分养，以取得较好的体重与均匀度。

3. 及时分群，防止密度过大而诱发啄癖，一旦发生啄癖时，也要考虑其他因素。

4. 定期消毒、防疫　饮水不能中断，定期饲喂0.5％的高锰酸钾（呈浅红色），并掺饮预防大肠杆菌病药物。每天清扫盛粪盘1～2次；并检查粪便情况。定期注射疫苗。

5. 做好各项记录工作　统计育成率、平均体重、耗料量、病检记录等。

（三）商品肉用仔鹌鹑的饲养管理

肉用型商品仔鹌鹑早期生长发育快，育雏阶段与育成阶段都采取“步步高”育肥，能取得良好的生长率与胴体品质。一般经3周龄饲养，商品仔鹌鹑体重达到150～180克，但肥度不够，影响到口味，如在此基础上再经育肥笼内育肥1周，则体内积贮适度脂肪，可改善肉的品质。

1. 加强早期饲喂，保证采食量　为了能使鹌鹑尽快上市，防止生长发育受阻，应加强商品仔鹑的早期饲喂。出壳后的鹌鹑应早入舍、早饮水、早开食，尽快适应鹌鹑舍环境。此外，还要提高鹌鹑的采食量，鹌鹑采食量除了受疾病影响外，还与舍内温度、饲料的形状、饲料有无霉变、饲料本身的适口性有关，如舍内温度过高、饲料中有黄曲霉毒素、菜子饼含量过高等均可降低鹌鹑的采食量。

2. 转群　一般肉仔鹌鹑养到21日龄或25～30日龄时，便可转入育肥阶段，应公、母分群饲养。最迟至40日龄上市。具体上市日龄根据市场需求，还要考虑所获利润多少。后期育肥期应降低饲料中蛋白质含量，逐渐增加能量饲料，经3天的过渡变为育肥日粮。

3. 光照　光照时间不超过12小时，也实行1小时光照，3小时黑暗的交替光照制度，可获得高活重和较低料耗，而且还可降低伤残率和死亡率。

4. 适当通风　鹌鹑舍内氨气和二氧化碳浓度过高，会直接影响鹌鹑的生长发育，饲料报酬下降，抵抗力下降，并可诱发疾病，在保证鹌鹑舍温度的情况下，尽可能加大通风换气，以保证鹌鹑舍空气清新，总的要求是人进入鹌鹑舍后，眼、鼻不会受到刺激为宜，要注意不能通风过度，以保证鹌鹑舍的温度；否则，会影响到鹌鹑的生长速度和饲料利用率。

5. 采用“全进全出”的饲养制度　商品仔鹑生产要求采用“全进全出”的饲养制度，它是保证鹌鹑群健康、减少病原产生的重要措施之一。

（四）产蛋期的饲养管理

1. 开产前的管理　一般鹌鹑在5周龄转入产蛋舍，转群时应淘汰发育不良的、有疾病、弯嘴的、跛腿的残次鹌鹑。如果鹌鹑数过多，应淘汰体重过大或过小的，留下体重较为一致的鹌鹑。转群前后3天在饲料或饮水中添加多维和电解质，转群应尽量在夜间进行，同时应避免应激。

2. 产蛋期的环境控制　温度直接关系到产蛋鹌鹑和种鹑的产蛋率、鹑蛋品质、受精率和孵化率，产蛋舍内温度保持在22～24℃，同时必须重视通风的重要性，夏季加强通风换气，冬季要处理好保温与通风的关系，光照颜色以白、红为宜，光照强度10勒克斯，时间16～17小时。

3. 饲喂制度　大多采用自由采食制，也可采取定时定量制。干粉料、湿粉料及碎颗粒料均可。料型及饲喂方式要相对稳定。

4. 防止脱肛　在母鹑开产后的2周内，脱肛的发病率达1%～3%，最高可超过5%。一般难以治疗，应以预防为主。故应严格在育成期控制好体重，适当推迟性成熟期，控制强光照，保持正常的膘情。

5. 捡蛋　产蛋鹑每天产蛋的时间主要集中于午后及晚上8时以前，而在下午3～4时为产蛋集中期。一般每天捡蛋2次，上、下午各一次，捡蛋的起止时间必须固定，尤其是截止时间，不可任意推后或提前，捡蛋时要轻拿轻放，尽量减少破损。

6. 卫生消毒　做好鹌鹑舍内外和设备的消毒工作；根据鹌鹑场的实际情况建立合理的免疫程序；重视药物预防和消毒工作。

7. 建立日常管理制度　每天饲喂次数、饮水、打扫环境、记录工作都有固定的时间和顺序，每次进入鹌鹑舍时要观察鹌鹑的精神状态、采食量、粪便等，发现异常，及时查找原因并采取相应措施，特别是对温度、湿度及通风情况要经常检查，每天清洗料槽、水槽一次，清理一次粪便。做好生产记录，通过生产记录可以了解、指导生产。记录项目有产蛋量、产蛋率、耗料量、蛋重、死淘率、防疫等。

8. 产蛋异常的原因分析　如发现产蛋量异常下降应尽快找出原因，采取措施，常见的原因有：日粮中的成分发生明显变化；长时间供水不足；饲养员的操作程序发生较大变动；接种疫苗或药物使用不当引起的副作用；受外界应激；鹌鹑群患病。

第六节 番 鸭

一、番鸭的经济价值和繁殖特点

番鸭，又叫瘤头鸭、洋鸭、麝鸭，与一般家鸭同种不同属。番鸭羽毛的颜色有白色、黑色和黑白花色三种。

（一）番鸭的经济价值

1. 番鸭肉用性能好　番鸭体形大，脂肪少，瘦肉率高，肉味鲜美，无油腻感，富有野味。番鸭与家鸭杂交，杂种一代称为骡鸭，骡鸭的优点是生长快、肉质好、胸肉厚、饲料报酬高、抗病力强。

2. 肥肝性能佳　鸭的肥肝含有大量的不饱和脂肪酸、必需氨基酸和生物学活性物质等，是国际市场畅销产品。番鸭、骡鸭都可用于生产肥肝，每只骡鸭可产肥肝300～400克，少数能达800克。

（二）番鸭的繁殖特点

番鸭平均开产日龄为172.88天，见蛋日龄为153天，开产后第一个产蛋周期最长，连产蛋数为35～40枚。以后每个产蛋周期连产蛋数可稳定在13～15枚；年产蛋100～110枚，最高个体可达160枚。有抱性。

二、番鸭的饲养管理

（一）育雏期饲养管理

番鸭育雏期指0～3周龄阶段。

1. 开水、开食　番鸭出壳毛干后应立即供给饮水，最好用温开水，冬天水温以15～20℃为宜，要特别注意供水不能中断，水里最好加入0.01％高锰酸钾，如经过长途运输的雏番鸭，在饮水中可加入5％～8％的葡萄糖或白糖。雏番鸭开水后1～2小时就可开食，开食料可直接用粉料或破碎的颗粒料，也可喂夹生饭、碎米或稀饭等。

2. 温度与湿度　温度是育雏的关键。室内温度第一周 28℃左右，第二周 25℃左右，第三周 22℃左右，育雏器周围的温度是 28℃±4～5℃。育雏时温度切忌忽高忽低，较适宜的相对湿度应控制在 60%～65%。

3. 光照　第一周需 24 小时光照，第二周 18～23 小时，第三周 12～17 小时，第三周以后每天 12 小时。

4. 密度　随着雏番鸭日龄的增加，饲养密度逐渐减少，通常第一周 40～45 只/米^2，第二周 30～35 只/米^2，第三周 23～30 只/米^2，第四周 20～22 只/米^2，第五周 20～18 只/米^2，第六周后 7～8 只/米^2。

5. 通风　番鸭对氧气的需求大于其他禽类，故在舍饲条件下应特别注意通风换气，并根据季节、密度、温度、气味等来调节通风换气量。

6. 断喙、断趾、切除翅尖骨　番鸭有发达的嘴豆、坚硬的脚爪尖、骨骼结实而善飞的翅膀等，往往对管理不利。所以必须断喙、断趾、切除翅尖骨。

(1) 断喙　番鸭在 3～7 周龄和换羽期间极易发生啄羽、食羽现象，最好的措施是在雏番鸭 2～3 周龄时断喙。用鸭专用的断喙器，也可用剪刀，断喙器或剪刀用前要烧灼，在鸭嘴豆的中部切除。对留种用的公鸭不宜断喙，预防啄羽和食羽的发生，可采用饲喂含硫氨基酸丰富的饲料，也可在饲料中添加 0.2%～0.4%的石膏粉；降低鸭群饲养密度；减少光照时间和降低光照强度等办法。

(2) 断趾　番鸭爪趾坚硬锋利，断趾可防止番鸭相互打斗、交配时踩踏和伤及饲养员，故在断喙同时也应将趾切去，方法和用具与断喙相同。留种的雏鸭只断母雏，不断公雏。

(3) 切除翅尖骨　为防止番鸭飞翔，在番鸭 2 或 3 日龄时可将翅骨末端骨节切除，使其身体失去平衡难以离地高飞。

（二）育成期及育肥期饲养管理

番鸭育成期指4～6周龄，育肥期指7周龄至出栏（母番鸭10周龄、公番鸭11周龄）。

1. 公、母分开饲养　番鸭3周龄后，公、母鸭体重差异与日俱增，至8周龄时，公、母鸭体重超过1千克，因此，公、母鸭的采食量差异也很大，如果继续混养和按统一的营养水平及料量饲喂，就会使母鸭营养过剩，造成浪费，而公鸭营养不足，影响生长发育。所以从3或4周龄后就应按公、母分群饲养，使其更好地满足各自生长发育的营养需求，从而提高鸭群的均匀度及商品质量。

2. 饲喂　育成期及育肥期每千克饲料含代谢能为11.7～12.54兆焦，粗蛋白含量分别为18%～19%和15%～17%。这两个阶段是番鸭生长最快的时期，所以要最大限度地满足番鸭对饲料质和量上的要求，每天喂4次料，保证有足够的料槽、水槽。

3. 商品番鸭育肥　优良的番鸭品种8周龄公番鸭体重可达3千克以上，母鸭2千克左右，但这时屠宰率低，胴体品质不好，特别是番鸭胸肌的增长主要在8～12周龄；目前认为较适宜的屠宰日龄母番鸭10周龄，公番鸭11周龄，而此时公、母鸭的主翼羽也已长成。由于番鸭具有特殊的补偿生长能力，国外采取控制饲养的方法，即公鸭从7～8周龄，母鸭从6～7周龄开始，一种是按番鸭自由采量的95%喂给，属轻度控制方法，不影响番鸭的生长，料重比可降低5%～10%；另一种方法是按自由采食量的80%喂给，生长速度有所减慢，料重比不变，胸、腿肉无明显改变，胴体肥度下降。目前生产上主要采用前一种控制饲养。

4. 限制饲喂　对于作为种用的番鸭，在育成期期间必须进行限制饲喂。限制饲喂前空腹称重，剔除病鸭、残鸭，采用每天限饲和隔日限饲交替进行效果较好，公、母限量分别为自由采食量的75%～80%和85%～90%，每两周随机抽测5%番鸭的体重，作为调整喂料量的依据。

5. 光照控制　在育成期总的原则是光照只能减少，不能增加，光照强度以弱光照为主。

6. 运动与洗浴　每天将喂料后的育成鸭放于运动场上活动，对其生活进行有规律地调教和训练，对每天饮水、吃料、洗浴、运动、下水、上岸、休息和入舍等，都要有固定时间，使其形成固定的条件反射，便于管理。

（三）产蛋期的饲养管理

1. 公、母配比及利用年限　番鸭属晚熟品种，母鸭要6～7个月才开产，公鸭性成熟比母鸭迟一个月。自然交配公、母鸭配比按1∶7～8的比例，如进行人工授精，可按公、母1∶10的比例留足公鸭。公、母鸭交配大都集中在下午3～5时，因此这段时间应定期放水，可提高受精率。公鸭利用年限为1年，母鸭利用1～1.5年，母番鸭一般利用两个产蛋期：第一个产蛋期22周（约5个月），产蛋高峰出现在开产后7～13周，第一个产蛋期结束后进行强制换羽，需10周；第二个产蛋期约22周，然后淘汰。

2. 种鸭的饲料与营养　种鸭的饲料分产蛋期和休产期两种，产蛋期的营养水平高些，粗蛋白在17%～18%，休产期粗蛋白为14%左右。

3. 光照与换羽　产蛋期的光照时间逐渐增至15～16小时，产蛋高峰期光照不低于16小时。第一个产蛋期结束后，采取强制换羽，缩短休产时间。

4. 产蛋窝要固定　番鸭有定位产蛋的习惯，产蛋窝不要随便移动，产蛋初期，产蛋窝内每天留1～2个鸭蛋，产蛋窝垫草要干燥清洁。

5. 保持环境安静　番鸭产蛋期间创造良好的、稳定环境，减少各种应激。

（四）番鸭的杂交利用

番鸭与家鸭杂交生产的半番鸭又称骡鸭，具有生长快、肉质好、抗病力强等优点，而且公、母个体差异小，深受国内外消费者的青睐。不足之处是受精率低，骡鸭无繁殖能力。常用的杂交方式有正交和反交，正交即公番鸭与母家鸭杂交，反交指母番鸭与公家鸭杂交。经多次测定采用正交效果好，以家鸭为母本，产蛋多，骡鸭苗多，成本低，杂交优势显著。

第七节　野　　鸭

一、野鸭的经济价值和繁殖特点

野鸭是指绿头鸭，别名为大绿头、大红腿鸭、大麻鸭等，属鸟纲、雁形目、鸭科，是最常见的大型野鸭，也是除番鸭以外的所有家鸭的祖先，是目前开展人工驯养的主要对象。成年雄性绿头野鸭头颈部绿色，且有金属光泽，最大特征是有一个狭窄的颈环，臀部与尾部黑色，雌野鸭全身为一致的棕色羽毛，头与腹部颜色较深，身体杂色。该品种特征为翅膀上有蓝色闪光翼斑，翅膀前后有白色镶边。

（一）野鸭的经济价值

1. 营养价值高　野鸭肉质鲜嫩味美，营养丰富，野味浓厚，野鸭瘦肉率较高，含有特殊香味，易于消化吸收，富含人体必需的氨基酸和微量元素，另外还具有一定的药用价值。

2. 早期生长快速，饲料报酬高　一般60日龄可达1 500克，料重比为2.5～2.8：1。

3. 羽毛质量好　野鸭羽毛轻而柔软，富有弹性，可供填充羽绒，羽色鲜艳，有多种作为商品用的彩色羽毛，尤其是春季羽色更是鲜艳夺目，用于制作帽饰和其他装饰工艺品。

（二）野鸭的繁殖特点

人工驯养野鸭的公、母比例与自然界差异很大，一般为1：

12～15，野鸭开产期较长，当年苗鸭，需在第二年产蛋。野生野鸭一年有两季产蛋：春季从3～5月为主要产蛋时间，秋季从10～11月再产蛋一批，全年共产蛋50～60枚。

二、野鸭的饲养管理

（一）育雏期的饲养管理

由于雏鸭体温调节机能不完善、生长迅速及胃容积小、消化能力弱等生理特点，育雏期的饲养管理显得尤为重要。进雏前，育雏舍应彻底消毒，并空置1周左右时间，进鸭前1天升温。育雏期间应掌握以下饲养管理要点：

1. 温度　雏鸭出壳后绒毛稀少，体温调节能力差，保温显得尤为重要，室温一般保持在18～20℃，育雏器内温度开始为30℃，以后每周降2℃，至20日龄逐步过渡到脱温，在育雏期间要密切注意鸭群的动态，根据鸭群的活动状况适当调整育雏温度，切勿忽高忽低，特别防止温度过低时雏鸭发生打堆。

2. 湿度　育雏早期相对湿度较高，在65%～70%，10天后相对湿度可降至55%～60%，尽量保持育雏器内垫料的干燥、松软，如室内湿度过大，易使细菌繁殖，特别是对预防球虫病不利。

3. 密度　育雏时应采用小群饲养，以50～100只雏鸭一群为宜，以后再大群饲养，饲养密度不宜过大，以免雏鸭因挤压而致死，并可克服雏鸭群内个体之间发育不均衡，一般情况下，1～10日龄40只/米^2，11～20日龄30只/米^2，21～30日龄25只/米^2，在注意鸡群饲养密度的同时，还要提供雏鸭足够的采食和饮水位置。

4. 饮水、开食和饲喂　雏鸭在24小时以内要饮水和开食，先饮水后开食，水中可加0.01%的高锰酸钾，经长途运输的雏鸭，则应喂5%的糖水，使雏鸭尽快恢复体力。开水后就可开食，开食料可用米饭，按每200只雏鸭喂500克，需要将米饭用水浸一下以去掉黏性，也可用配合饲料，最好是颗粒料破碎后再喂。将饲料泼在浅盘或塑料布上，任其自由采食；第二天1千克米饭加50克豆饼和50克鱼粉；第三天在1千克米饭中加1/3的配合料，以后逐渐增加配合料的喂量，一周后可喂些少量的小鱼、虾、螺丝、蚌肉、蚯蚓等动物性饲料，正常情况下育雏前15天动物性蛋白20%～22%，16～40日龄17%～18%。饲喂时应本着少喂多餐的原则，野鸭每日饲喂次数，7日龄前每天8次，9～14日龄，每天6次，15～30日龄每天5次，每次投料以每只野鸭都能吃到料而又吃完为止。投料参考数量：1日龄每只每天10克、2日龄13克、3日龄18克、4日龄20克、5日龄24克、6日龄26克、7日龄28克。

5. 育雏室内环境控制　由于雏鸭体温高，新陈代谢旺盛，需氧量大，排泄物多，应注意保持室内空气的新鲜，在保温的情况下加强通风换气，充足的光照可刺激雏鸭的食欲，提高生活力，1～7日龄每天24小时光照，也可实行1～3日龄，每天24小时光照，4～7日龄每天20小时光照，光照强度为8瓦/米^2，8～20日龄逐渐减少光照，21日龄起过渡到自然光照。

6. 放水　刚出壳的雏鸭不能放水，等其羽毛干后，可在雏鸭身上喷细雾水，以便野鸭整理羽毛。人工孵化的雏鸭在1周后可放在浅的池塘或浅盘中嬉水，天气较好，外界气温较高的情况下，应尽早给雏鸭放水，每天2次，上午、下午各一次，上午10时以后等水晒热后下水，开始时间不宜过长，约10分钟，后逐渐延长放水时间，每次约1小时，15日龄后任其自由下水活动，放水有益于生长发育和清洁卫生，20天后雏鸭的食欲和消化能力增加，可在稻田放牧，使其能捕食到动物性食物，如蚯蚓、稻飞虱，还有一些昆虫。

（二）育成期的饲养管理

育成期是指从育雏结束到产蛋前这一阶段，此阶段野鸭的生长发育较快，仔鸭40日龄后平均体重达750克，此时身上的羽毛已基本长成，仅头后留一点绒毛，到70日龄，此时可进行一次选种，选取体态健壮、特征明显的仔鸭作种鸭，淘汰的野鸭育肥后等体重达1 000克以上可作为肉用鸭上市，种鸭以1∶8的雌、雄比例分群，一般每群150只左右，这一阶段必须加强饲养管理，要做到以下八个方面。

1. 精心饲喂　采用配合日粮，坚持定时、定量饲喂，日喂3次，逐步增加喂量。

2. 进行限制饲养　作为后备种鸭，育成期如果体重过大、过肥，容易早产，影响种鸭的产蛋性能和利用年限，所以这一阶段应采用限制饲养，降低饲料的营养水平，减少豆饼、鱼粉的比例，逐步增加谷实、糠麸、饼粕和青绿多汁饲料，青饲料种类包括叶菜类、苜蓿、青草等，用量占喂料量的15%左右，适当控制体重，产前30～40天青饲料可增至55%、粗饲料占30%、精饲料占15%左右，这样可使鸭子长成大骨架。限制饲养与控制光照要结合起来。

3. 控制光照和饲养密度　育成期期间原则上光照只能减少或保持不变，不能延长，圈养野鸭应停止人工补充光照，每天光照时间8小时左右。随着野鸭的不断生长，饲养密度应做适当调整，4～6周龄为8只/米^2、7～10周龄6只/米^2、11周龄以上4只/米^2。

4. 增设防护罩网　50日龄后野鸭翼羽已基本长齐，具有短距离飞行的本领，这时室内外、水陆运动场均应增设金属网或尼龙网罩，网眼以2厘米×2厘米为宜，网罩距水面高度不低于2米，便于进行驱赶和捕捉管理，栏水竹竿、金属网或尼龙网要深及河底，防止潜逃。

5. 加强管理　每天定时清理鸭舍，换铺垫草，注意饮水的清洁卫生，放水池应经常换水，确保每只鸭有足够的采食位置。对于后备种鸭要经常抽测体重，根据体重的情况调整日粮营养水平，对肉用仔鸭要加强饲喂，促使其及早上市。

6. 充分放牧　40日龄后，除非天气恶劣，均应实行放牧饲养：一方面可以使其充分保持野性，维持肉质的野味，防止肉质退化；另一方面锻炼其合群性，克服饲料营养的不足，对提高肉质和种质有益，对肉用仔鸭应减少放牧或不放牧。白天根据当地情况，选好放牧路线，晚上让其自由栖息过夜，但要注意防止其他动物的侵害和干扰，要及时了解农田施用农药的情况，防止中毒。

7. 防止野性暴发　60～70日龄是野鸭野性暴发期，由于体内脂肪和生理变化，易促使野性发生，激发飞翔，且呈现脂肪含量越高，越肥大，其暴发野性愈强的生理特点，主要表现在鸭群骚动不安，呈神经质状，采食量大幅度减少，体重下降，所以这一时期应适当限制饲喂，增加粗纤维饲料含量，保持饲养环境安静，可避免、减轻或推迟野性发生，并可节约饲料。

8. 商品肉用仔鸭的饲养　商品肉用仔鸭要求羽毛长全，膘好，一般养至80天体重达1 500克便可上市。雏野鸭在40日龄以前，应采用高能量、高蛋白的饲料，40～60日龄要适当限制饲喂，推迟野性暴发，促进翼羽生长，提高料肉比，60日龄后至上市，再喂高能量、高蛋白饲料。商品肉用仔鸭饲养管理主要掌握关键技术：为了便于防疫、消毒，采取“全进全出”的饲养制度；采用高能量、高蛋白营养均衡饲料；增加饲养密度，提高单位饲养面积效益；适当延长光照时间，补充人工光照，光照强度宜弱光，能看到吃料即可；除野性暴发前期适当限饲外，其余时间均自由采食等。

（三）种鸭的饲养管理

绿头鸭在150～160日龄性成熟，公鸭略早于母鸭，种鸭的饲养管理主要包括：

1. 野鸭选种　绿头鸭养至70日龄，应进行选择分群，公鸭要求体质健壮、头大、活泼，头颈翠绿色明显，交配能力强；母鸭要求头小，颈细长，眼大，身体结构紧凑。公鸭体重不宜低于

1 250 克，母鸭不低于 1 000 克，公、母留种比例为 1∶5～10，公鸭可适当多留些，以利于以后有选择的余地，公鸭一般利用 2 年。

2. 充分满足营养需要　产蛋高峰到来之前及时提高饲料中蛋白质水平，尤其是动物性蛋白，产蛋期间注意添加骨粉、贝壳粉，以补充钙质，另外还要在饲料中添加维生素和微量元素，日喂 4 次，产蛋期间要注意饲料稳定性，更换饲料时要有几天的过渡期。

3. 补充光照　光照每天在 15 小时左右，不少于 14 小时，如不足应及时人工补充光照。

4. 提供适宜的产蛋环境　及时剔除多余的公鸭，尽量避免生人、噪音和其他外界环境的应激，夏季注意防暑降温，冬季注意防寒保温。

5. 加强管理　经常保持鸭舍的卫生，做到清洁干燥，勤换垫草，定期消毒，要设置足够的产蛋窝，及时收集种蛋。在休产期和换羽期要降低饲料的营养水平，缩短光照，开产前 2 周，将休产期日粮换成产蛋期日粮，并补充光照。

第八节　鸵　　鸟

一、鸵鸟的经济价值和繁殖特点

鸵鸟属于鸟纲、鸵鸟目、鸵鸟科，是世界上存活着的最大的鸟。世界有北非鸵鸟、索马里鸵鸟、东非鸵鸟、南非鸵鸟、西非亚种（现已灭绝）5 个亚种。人工饲养的鸵鸟目前有四个类型：红颈鸵鸟、蓝颈鸵鸟、黑颈鸵鸟（南非选育的非洲黑鸵鸟）和澳洲灰鸵鸟。

（一）鸵鸟的经济价值

1. 我国鸵鸟　目前，我国已成为亚洲第一鸵鸟生产国，不仅在饲养数量上形成一定规模，而且鸵鸟产品综合开发的产业链不断延伸。现在我国已有鸵鸟养殖、加工企业200多家，存栏鸵鸟8万余只，初步形成养殖、加工、营销一体化。

2. 体重大，繁殖力强，总产肉量高　非洲鸵鸟成年体重可达200千克，出生至12月龄体重达100千克，鸵鸟性成熟一般在1.5～2.5年，寿命30～40年。母鸵鸟年产蛋平均在50枚左右，可提供雏鸟20～30只，当年每只鸵鸟达100千克，可食部分达50%。

3. 鸵鸟肉营养价值高　鸵鸟肉属纯红肌，具有高蛋白、低脂肪、低胆固醇、低热量的特点。鸵鸟肉口感鲜美，富含21种氨基酸。据中山医科大学测定，鸵鸟肉与牛肉比较，鸵鸟肉的维生素A、钙、铁和锌的含量分别比牛肉高2.2倍、4倍、3倍和2倍，硒的含量较牛肉高1倍，蛋氨酸和赖氨酸分别比牛肉高6倍和1倍。

4. 鸵鸟皮价值高　鸵鸟的皮柔韧性好，比牛皮的韧性高3～5倍，售价是鳄鱼皮的3倍，每只100千克的鸵鸟可产皮约1.39米^2。鸵鸟皮可制成皮衣、皮鞋、公文包、皮带等各种样品。

5. 鸵鸟羽毛价值高　鸵鸟毛质地细软，手感极佳，保温性能好，是现代高级服装的珍贵饰物。鸵鸟羽毛是唯一不带静电的羽毛，吸尘性能极佳，现今世界所有精密科学仪器及电脑部件等，其净化过程最后一个步骤必须经过鸵羽拂尘才算合格。此外，鸵鸟的脂肪、蛋壳（未受精或孵化失败的卵）都有较高的价值。鸵鸟脂肪可作为药物增强剂，加速伤痛的恢复，鸵鸟的蛋壳经处理后，可以制成工艺品。

（二）鸵鸟的繁殖特点

1. 性成熟　鸵鸟一般在2～4岁性成熟。雌鸵鸟2.5岁左右开始产蛋，也有18个月产蛋的。雄鸵鸟性成熟比雌鸟晚，在3岁以后达到性成熟。

2. 雌雄配比　在人工饲养条件下，大多数养殖场鸵鸟的雌雄配比为2∶1。也有采用5∶2或8∶3的大群饲养方式。但是，配比太大，种蛋受精率就会下降。

3. 产蛋　在我国鸵鸟的繁殖季节为3～10月份，3～6月份为繁殖高峰期，11月份进入休产期。鸵鸟在一个产蛋周期是2天产一枚蛋，连续产8～15枚蛋，休息10～15天，又继续开始产蛋。有些鸟因种种原因在产蛋期可能会休产1～2个月，有些高产鸟可能会连续产40多枚才休息。鸵鸟产蛋大多数是在每天14：00～18：00产蛋，也有个别是在上午或晚上产蛋。鸵鸟产蛋量随年龄的不同有一定差异。一般来说，刚开产鸵鸟产蛋量较少，而且受精率极低，第1年产蛋量约8～20枚，第2年10～30枚，第3年20～45枚，以后逐年增加，产蛋高峰时，达到80～120枚，有效繁殖年限为30～40年。

鸵鸟蛋重在1 200～1 700克，个别蛋可达到2 000～2 500克，鸵鸟蛋为卵圆形、米黄色。

二、鸵鸟的饲养管理

（一）育雏期的饲养管理

雏鸵鸟指4月龄以前的小鸵鸟。这期间的雏鸟由于各种生理机能尚未健全，抵抗力低，对环境条件的变化十分敏感，因此雏鸵鸟的饲养管理是鸵鸟整个生长周期中最困难、技术性和经验性最强的一个阶段，育雏期的饲养管理也是养殖鸵鸟成败的关键环节。规模化的鸵鸟养殖场，育雏实际上包括保育及育雏两个阶段。保育是指将出壳的雏鸵鸟用保育盒装好，每盒15～20只，集中存放于保育室内5～7天，然后送入育雏室，在我国，鸵鸟养殖场还没有专门设置的保育室，雏鸵鸟出壳后直接送到育雏室。

1. 育雏前的准备　入雏前1周对育雏舍进行全面打扫和消毒，地面和墙壁用1%～2%的火碱喷洒消毒，然后关闭门窗，用甲醛溶液、高锰酸钾熏蒸消毒。在育雏室门口设置烧碱消毒池。入雏前1天，将育雏室的温度升至22～25℃，保持相对湿度50%～60%。入雏前对育雏伞或育雏箱进行彻底消毒，开启育雏伞上的温控器或育雏箱上的红外线灯，温度调至34～36℃。在伞和育雏舍内四周加置防护网。雏鸵鸟的食槽要求光滑平整，采食方便，便于清洗和消毒。食槽要固定好，否则被雏鸟踩翻。3周龄前的雏鸵鸟，最好采用饮水器供水，以防止雏鸵鸟跌入盆中，浸湿身体；3周龄后，则用水盆喂水。

2. 温度控制　育雏第1周温度控制在34～36℃，以后每周降低2℃，至第7周达到21～22℃即可。1周龄雏鸟抵抗力低，温度骤变、风吹或雨淋等，都会引起雏鸟感冒、肺炎而死亡。要经常观察雏鸟，根据雏鸟的活动状态来调整温度。温度低时，雏鸟就会靠近热源，挤在一起，发出震颤的吱吱叫声，易造成挤压伤或压死，尤其在晚上或停电时更要注意；温度高时，雏鸟张口呼吸，饮水增加。如果温度适中，雏鸟活泼好动，食欲旺盛，羽毛有光泽，休息和睡眠安静。2月龄时可以脱离人工保温，遇到气温较低情况下可适当推迟。

3. 开水、开食　刚出壳的雏鸟其腹内的卵黄提供的营养足以满足48～72小时的营养需要。开食过早会使卵黄吸收不完全，损伤消化器官，对以后的生长发育不利，因此，雏鸟出壳后72小时开食为好。开食前应先给饮水，水中加0.01%的高锰酸钾。饮水后2小时再喂精饲料，饲料以少喂勤添为原则，精饲料以粉状拌湿喂给，也可用青绿饲料作为开食料，对不会采食的雏鸵鸟，要及时调教。

4. 光照与通风　1～7日龄每天光照20～24小时，一周后每天光照16～18小时。如果天气晴朗，外界气温高，可将雏鸟放到运动场上活动晒太阳，防止腿病的发生。通风换气的目的是排出室内污浊的空气，同时也调节室内的温、湿度。在炎热的夏季，育雏舍应打开窗户通风。冬季通风要避免对流，要使雏鸟远离风口，防止感冒。一般通风以人进入育雏舍不感到氨气刺鼻为准。

5. 饲养密度　初生雏鸟的饲养密度为5～6只/米^2，随日龄的增加逐渐降低密度，到3月龄时雏鸵鸟每只最少2米^2，按雏鸟周龄的增长而逐渐分群。

6. 清洁卫生　雏鸵鸟机体抵抗力较差，容易患病，应加强卫生和消毒，饮水要保证清洁，饲料要保证新鲜不变质。注意日常环境卫生，雏鸵鸟有些疾病与环境卫生和饲养用具被污染有很大关系，如脐炎、卵黄囊感染、痢疾等都是雏鸵鸟常见病。运动场要经常清扫，不应存有树枝、沙砾、碎玻璃、铁丝或塑料袋等杂物，如果被鸵鸟吞食，就会导致消化不良、腺胃阻塞或创伤性胃炎。为预防疾病发生，对育雏舍、用具、工作服、鞋帽及周围环境进行定期和不定期的消毒。2月龄时，根据疫情，对雏鸟进行新城疫、支气管炎和大肠杆菌病的预防注射。

（二）育成期的饲养管理

1. 更换饲料　当鸵鸟长到4月龄时，体重已达到36千克，已能适应各种自然条件，应改喂育成期饲料。从育雏期过渡到育成期，要做好饲料更换工作。具体方法是脱温后的第一周仍喂育雏料，第二周用1/2育成料，第三周用3/4育成料，从第四周起全部用育成料，在这期间每周要慢慢过渡。

2. 适当限饲　鸵鸟育成期的饲养，关键是防止其过肥，性成熟提前，所以随着鸵鸟日龄的增大，适当增加粗纤维的饲喂量。夏、秋季早晨待露水消失后，把鸵鸟驱赶到人工草地放牧。圈养的鸵鸟，将牧草割下饲喂，喂料应定时、定量。

3. 设置沙浴　鸵鸟喜欢沙浴，通过沙浴可以洁身和清除体表寄生虫。饲养棚和运动场要垫沙，最好用黄色河沙，沙粒大小适中，铺沙厚度为10～20厘米。运动场可采用部分铺沙，部分种草，同时种植一些遮阴的树或搭建遮阴棚。

4. 加强运动　饲喂后2小时应驱赶鸵鸟运动，以避免鸵鸟过多沉积脂肪，每次以1小时为宜。

5. 保证环境安静，减少应激　鸵鸟的神经比较敏感，受到惊吓时全群骚动狂奔，容易造成外伤。因此，鸵鸟场周围环境应保持安静，避免汽笛、机械撞击、爆破等突发性强烈震响。

（三）种鸵鸟的饲养管理

1. 舵鸟公、母配对　鸵鸟公、母配对可采用自然配对和人工配对，自然配对指将数只公、母鸵鸟饲养于较大栏舍内；让公鸵鸟自行选择其配偶进行交配；人工配对指根据公、母鸵鸟的血缘、体型等进行预配对，再将母鸵鸟赶入栏舍内（使其成为主鸵鸟），然后再将公鸵鸟赶入母鸵鸟所在的栏舍内。

2. 饲喂　人工饲养的鸵鸟每天的活动比较有规律，因此应根据其生活规律定时、定量进行饲喂。一般来说，每天投喂青饲料4次，配合饲料每次饲喂2～4次。饲喂顺序可以先粗后精，也可以把精饲料拌入青饲料中一起饲喂，精饲料喂量一般每天每只控制在1.5千克，粗蛋白的含量在18%左右。

3. 保持运动场的卫生　及时清除场内的粪便和杂物，在鸟栏和食槽旁不要随意放置杂物，以免鸵鸟误食硬性异物，导致前胃阻塞和肠穿孔，引起死亡，运动场及棚舍最好每周消毒1次。

4. 休产　为了保持雌鸵鸟优良的产蛋性能，延长其使用年限，需强制休产。一般掌握在每年11月份至次年1月份为休产期。休产期开始时雌、雄鸵鸟分开饲养，停止配种，停喂精料5天使雌鸵鸟停止产蛋，然后喂以休产期饲料，在每年休产期内，饲养者应同时安排好免疫接种、驱虫等管理工作。

5. 捕捉　如果要调换运动场或出售鸵鸟需要捕捉时，应特别小心，因为鸵鸟头骨很薄呈海绵状，头颈处连接也比较脆弱，均经不起撞击。捕捉的前1天在棚舍内饲喂，趁其采食时关入棚舍，捕捉时需3～4人合作，抓住颈部和翼羽，扶住前胸，在头部套上黑色罩使其安定。鸵鸟一旦套上头罩，蒙住双眼，则任人摆布，可将其顺利装笼、装车。但对凶猛的鸵鸟要特别小心，在捕捉前3～4小时适量喂一些镇静药物。

6. 运输　种鸵鸟运输前停料3～4小时，在饮水中添加维生素C、电解质等镇静剂，以防止应激反应。运输季节以秋、冬、春季为宜，最好选择夜间进行，因鸵鸟看不清外界事物，可以减少骚动。运输工具和笼具要消毒，笼具要求坚固通风，顶部加盖黑色围网，保持车内通风良好，运输过程中随时观察鸵鸟动态，长途运输注意定时给水。对躁动不安的鸵鸟戴上黑色头罩，鸵鸟运到目的地后应及时补充维生素、电解质，以利鸵鸟运输后恢复体力。

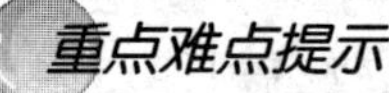
重点难点提示

各种特禽的饲养管理要点。

7日通——第四讲
特禽的营养与饲料

本讲目的

了解特禽的营养需要。

第一节　特禽的营养需要

营养需要是指动物每天对能量、蛋白质、矿物质和维生素等养分的需要，需要量是指动物为了正常生长、健康和理想的生产性能，在适宜环境条件下对各种营养物质需求的数量。特禽主要需要以下几种营养物质。

一、能量

特禽的一切生理过程，如运动、呼吸、消化、吸收、排泄、繁殖、体温调节等都需要能量的参与。特禽所需的能量主要来自于饲料中的碳水化合物和脂肪，当特禽从饲料中得不到足够的碳水化合物或脂肪供能时，就要动用体内的脂肪甚至蛋白质来供应能量，这将会影响到特禽的生长及繁殖性能；反之，如果能量供应过剩，就会形成脂肪沉积在体内。饲料中的碳水化合物是特禽能量的主要来源，碳水化合物分为两大部分——无氮浸出物和粗纤维。无氮浸出物即淀粉和糖，又称为易溶性碳水化合物，是日粮中容易消化的物质；粗纤维包括纤维素、半纤维素和木质素，大部分特禽消化纤维的能力较低，因此日粮中粗纤维的含量不宜过高。饲料中的脂肪也是特禽获得能量的来源之一，它产热量是同量碳水化合物的2.25倍。

二、蛋白质

特禽的各种组织器官如肌肉、皮肤、内脏、血液、酶类、神经和骨骼等，都含有大量的蛋白质，蛋白质对维持特禽新陈代谢和正常生长具有重要的作用，当饲料中缺乏蛋白质，会造成雏特禽生长缓慢、食欲减退、体重下降、羽毛生长不良和性成熟推迟；成年特禽产蛋量下降，蛋重小；当饲料中蛋白质过剩时，特禽机体对氮的平衡有一定的调节能力，但这种调节能力是有限的，超出机体承受能力之后，会出现代谢紊乱、肝功能损伤、饲料蛋白质利用率降低等不良影响。

氨基酸是蛋白质的组成单位，蛋白质由20种不同的氨基酸所构成，饲料中的蛋白质营养价值主要取决于氨基酸的组成和数量。组成蛋白质的各种氨基酸虽然对于特禽来讲都是不可缺少的，但它们并非全部需要直接由饲料提供，因此将氨基酸分为必需氨基酸和非必需氨基酸。必需氨基酸是指在特禽体内不能合成，或合成的速度不能满足机体需要，必须从饲料中供给一定数量，否则不能维持机体氮平衡的氨基酸，如赖氨酸和蛋氨酸等；某些种类的氨基酸在特禽体内能够合成，或可由其他种类氨基酸转变而成，不需由饲料提供，这类氨基酸称为非必需氨基酸。

特禽对蛋白质的吸收利用一定程度取决于各种氨基酸之间的比例，由于某些氨基酸的不足，限制了动物对其他必需和非必需氨基酸的利用，这类氨基酸就是特禽的限制性氨基酸，这类氨基酸在饲料或饲料所占的比例与动物所需的蛋白质必需氨基酸的量相比，比值偏低，其中比值最低的称第一限制性氨基酸，以后依次为第二、第三、第四……限制性氨基酸。在特禽饲料中第一、第二、第三限制性氨基酸的顺序通常是蛋氨酸、赖氨酸、色氨酸。

日粮中各种氨基酸必须保持平衡，蛋白质才能最有效地被利用，在特禽生产中为了使特禽日粮氨基酸达到平衡，可采用多种饲料搭配方法，如动物性蛋白质的氨基酸组成比较完善，尤其是赖氨酸、蛋氨酸的含量高，而植物性蛋白质所含的必需氨基酸种类少，尤其是蛋氨酸、赖氨酸常常达不到特禽所需要的量，而使蛋白质的利用受到限制。因此，为了有效地利用饲料中的蛋白质，可将动物性蛋白质饲料与植物性蛋白质饲料配合使用，在饲料配制时，也可以外源添加单体氨基酸来平衡必需氨基酸的不足，以发挥动物最大的生产性能。

三、矿物质

矿物质是机体细胞的组成成分，细胞的各种重要机能，如氧化、发育、分泌、增殖等，都需要矿物质参与，矿物质对维持机体各组织的机能，特别是神经和肌肉组织的正常兴奋性有重要作用。矿物质也参与食物的消化和吸收过程，还在维持水的代谢平衡、酸碱平衡、调节血液正常渗透压等方面有重要生理作用。根据各种矿物质在动物体内含量的不同，可分为常量元素和微量元素两大种类。占动物体重0.01%以上的元素为常量元素，包括钙、镁、钾、钠、磷、氯、硫7种元素；占动物体重0.01%以下的元素为微量元素，主要有铁、铜、锰、锌、碘、钴、硒等41种元素。

（一）常量元素

1. *钙和磷* 钙、磷是特禽骨骼和蛋壳的主要成分。骨又是钙、磷的贮存库，当饲料中提供的钙、磷不能满足特禽需要时，就会动用骨中的贮存。雏特禽缺钙易患软骨症，种特禽缺钙，会出现蛋壳变薄，产蛋量减少，产软壳蛋，但钙过多也会影响特禽的采食量及锰、锌、铜、硒和磷的吸收；特禽缺磷时，食欲减退、生长缓慢，严重时关节硬化，骨骼易碎。

2. 氯和钠　氯和钠通常以食盐的方式供给，大部分分布于体液中，它们协同维持体液的酸碱平衡和渗透压。饲料中食盐不足则会引起特禽消化不良、食欲减退、生长缓慢等症状，严重者出现啄肛，产蛋特禽体重、蛋重减轻，产蛋率下降；饲料中食盐过量会出现特禽饮水量增加，粪便较稀，严重的会出现食盐中毒。

3. 镁　镁是构成特禽骨骼的成分之一，饲料中镁过量时会降低特禽的采食量，并引起腹泻。由于许多动物性饲料及豆类等植物中含有丰富的镁盐，因此一般特禽日粮中不会出现缺镁，但在缺镁地区应注意在饲料中适当补充硫酸镁、氧化镁或碳酸镁。

4. 钾　钾离子主要存在于细胞内，与钠、氯等共同维持细胞内的渗透压，并保持细胞容积，还参与糖和蛋白质的代谢。此外，钾还影响神经肌肉的兴奋性。特禽长期缺钾会引起生长停滞、肌肉衰弱、下痢、体内渗透压和酸碱平衡失调。

5. 硫　大部分硫存在于蛋白质中，主要存在于蛋氨酸、胱氨酸和半胱氨酸等含硫氨基酸中。硫的主要生理功能是参与合成体蛋白、被毛及多种激素，硫氨素还参与碳水化合物的代谢。

（二）微量元素

1. 铁　铁缺乏时，会出现营养性贫血。铁过量时，采食减少、体重下降，导致机体中毒。除奶和块根类外，大部分饲料中铁的含量丰富，作为补充铁的盐类有硫酸铁、葡萄糖铁、氯化铁等。

2. 铜　铜主要参与红细胞的生成，促进铁的吸收和血红蛋白的形成。铜缺乏时，不利于铁的吸收和钙、磷在软骨基质上沉积，引起贫血、骨质疏松和生长不良；过量时，发育不良，出现溶血症。一般饲料中很少缺乏。

3. 锰　锰与特禽的骨骼生长、繁殖有关。日粮中缺锰，雏特禽会发生“脱腱症”，骨骼发育不良，生长受阻，体重下降；

成年特禽腿骨粗薄变形，孵化率降低，蛋壳强度降低。

4. 锌　锌分布于机体所有组织中，锌为动物体内多种酶的成分，另外还参与碳水化合物的代谢。锌缺乏时，雏特禽采食量减少，生长迟缓，羽毛生长不良，蛋壳变薄，甚至产软壳蛋；严重时脚表面呈鳞片样，并有皮肤炎症状，停止产蛋。高钙日粮可诱发缺锌症的发生，当饲料中缺锌时可用硫酸锌、碳酸锌、氧化锌等补饲。

5. 碘　碘主要存在于动物的甲状腺中，维持甲状腺的正常功能。缺碘时，甲状腺肿大，体重下降，胚胎后期死亡。

6. 硒　硒过去被认为是有毒物质，现已研究证明，硒是动物不可缺少的微量元素，硒在体内的作用与维生素E相似，有抗氧化作用，也是谷胱甘肽氧化酶的组成成分，蛋氨酸转化为半胱氨酸必须有硒的参与。硒的缺乏症与维生素E相似，主要是营养性肝坏死，雏特禽渗出性素质病；饲料中硒过量或搅拌不均匀会引起硒中毒。

7. 钴　钴是维生素B_{12}的重要原料。日粮中缺乏钴时，不仅会影响体内肠道微生物对维生素B_{12}的合成，而且会引起特禽生长迟缓和恶性贫血，易发生骨短粗症。

8. 铬　铬过去也被认为是有毒物质，动物体内的铬主要是毒性较低的三价铬，而二价铬和六价铬毒性较强。铬的主要功能是促进许多酶的活化，铬是胰岛素的辅助因子。现已研究表明，饲料中添加铬减缓禽类的应激。

四、维生素

维生素是动物生长、繁殖、生产产品所必需的微量有机物，有控制与调节新陈代谢的作用，它与酶的活性有密切关系，物质三大代谢即糖代谢、蛋白质代谢、脂肪代谢过程中许多酶的辅酶的组成成分是维生素，特禽对维生素的需要量虽少，但维生素对维持动物机体正常新陈代谢具有重要作用。维生素可分为脂溶性维生素和水溶性维生素两大类：脂溶性维生素是一类能溶于脂肪而不溶解于水的维生素，主要有维生素A、维生素D、维生素E、维生素K等；水溶性维生素包括B族维生素、胆碱及维生素C等；这类维生素都能溶解于水。

（一）脂溶性维生素

1. 维生素A　维生素A能促进特禽的生长发育，增强机体对疾病的抵抗力，提高产蛋率、孵化率。雏鸡缺乏维生素A，可导致生长停滞，抗病力下降，消瘦，以至死亡，种特禽体质弱，产蛋率下降。

2. 维生素D　主要功能与钙、磷代谢有关，能帮助钙、磷的吸收，促进骨骼的形成与生长。如果缺乏维生素D，骨组织形成受阻，雏特禽出现生长发育不良，两腿无力，喙、脚及骨质变软，导致佝偻病；种特禽产薄壳蛋、软壳蛋及畸形蛋，产蛋减少，孵化率降低。特禽的皮肤和羽毛中的7-脱氢胆固醇在阳光中紫外线的作用下转化为维生素D_3。

3. 维生素E　其主要功能是维持生殖器官的正常机能和肌肉的正常代谢作用，维生素E又是一种有效的体内脂溶性抗氧化剂，对特禽的消化道、体内的维生素A、机体组织如细胞膜、线粒体膜具有保护作用。缺乏维生素E时，雏特禽生长缓慢，肌肉萎缩，种特禽产蛋率和受精率下降。维生素E在籽实饲料的胚芽中含量丰富，在加工过程中易被氧化而损失。

4. 维生素K　维生素K又称凝血维生素或抗出血维生素，是动物体内形成凝血酶原所必需的一种维生素。特禽缺乏维生素K时，会导致内出血，外伤的凝血时间延长，导致贫血症。

（二）水溶性维生素

1. 维生素C　维生素C又称抗坏血酸。主要参与细胞间质的生成及体内氧化还原反应，因它能促进肠道内铁的吸收，所以临床上常用作抗贫血的辅助性药物。特禽本身具有合成维生素C的能力，一般情况不会缺乏。当特禽处于应激状态时应增加维生素C的用量，有助于增强特禽抗应激能力。

2. 维生素 B_1　饲料中维生素 B_1 缺乏时，特禽会出现多发性神经炎，食欲减退，羽毛松乱无光泽，体重减轻，肌肉衰弱变性；严重时腿、翅、颈发生痉挛，头向后极度弯曲呈“观星状”，瘫痪、倒地不起。一般饲料中硫胺素含量很多，特别是谷物中维生素 B_1 含量丰富，只有块根茎中含量较少。

3. 维生素 B_2　维生素 B_2 又称核黄素、生长维生素、维生素G。特禽不能合成核黄素，如果饲料中缺乏，雏特禽生长缓慢，呈现趾变形、麻痹瘫痪，拉稀，行走困难；严重时肱骨与坐骨神经变粗并且软化，行走或站立的姿势变样，种特禽产蛋量减少，种蛋孵化率降低。

4. 泛酸　又称维生素 B_3。缺乏时，雏鸡生长缓慢，羽毛粗糙，发生皮炎，眼有黏性分泌物流出，喙角及眼睑周围结痂，种鸡产蛋率和孵化率降低。

5. 烟酸　又称维生素 B_5、尼克酸、维生素PP、抗癞皮病维生素。烟酸缺乏时，出现“腿软症”、“蓝舌病”，口腔黏膜与食道上皮、舌发生炎症。雏特禽食欲减退，生长停滞，羽毛松乱、缺乏光泽，并有下痢现象，脚肿，皮肤有鳞状皮炎，种特禽产蛋率和种蛋孵化率下降。

6. 吡哆醇　吡哆醇又称维生素 B_6。缺乏时，雏特禽生长停滞、羽毛粗糙、皮肤发炎、中枢神经异常兴奋、奔跑，在痉挛时以胸着地，抬腿，拍打翅膀，种特禽体重、产蛋率、孵化率下降。

7. 胆碱　胆碱缺乏时，雏特禽生长缓慢，易形成脂肪肝，胆碱不足又同时缺乏锰是生长鸡发生骨短粗症、脱腱症的重要原因，种特禽产蛋量下降。

8. 叶酸　缺乏时，雏特禽生长缓慢，羽毛生长不良、脱色、贫血、骨粗短，种特禽产蛋率及种蛋的孵化率降低。动物对叶酸的需要可由饲料和肠道微生物的合成来满足，但和维生素K一样长期饲喂抗生素后可能出现缺乏症。

9. 生物素　生物素又称维生素H，也有称维生素B_4的。生物素缺乏有类似泛酸的皮炎，只不过是出现的皮炎时间不同，对种特禽的产蛋量影响不大，但种蛋孵化率降低。一般饲料中生物素的含量都比较丰富，肌醇可替代部分生物素。

10. 维生素B_{12}　维生素B_{12}因其分子组成中含有一个钴原子(4.5%)，所以又称为氰钴素、钴氨素、钴维生素。缺乏时表现为生长停滞，羽毛粗乱，后肢共济失调，肌胃糜烂，种蛋孵化率降低，胚胎后期死亡。动物性饲料中含有较丰富的维生素B_{12}。

五、水

水是特禽最基本的必需营养成分。认识水的营养生理作用和特禽水利用特点，保证科学供水和饮水卫生，对特禽的健康和生产具有重要意义。

(一) 水的生理作用

1. 水是禽体的重要组成成分　禽体内的水，大部分与蛋白质结合成胶体，直接构成活的细胞与组织。

2. 水是特禽体内的主要溶剂　许多化合物质是在水中电解，各种营养物质的吸收、转运和代谢废物的排出都必须溶解在水中才能进行。

3. 可调节体温　禽类体温调节主要通过饮水和水排出来实现。水的比热大，导热力强，蒸发热高，能迅速传递热能和蒸发散失体热。由于水的溶热量大，温度不易改变，当机体产热和散热发生重大变化时，水在体内可以吸收或放出大量热，不会使体温发生大变动。

4. 水是化学反应的介质　水不仅参与体内的水解反应，还参与氧化还原、水合、有机化合物的合成和细胞的呼吸过程，机体的所有聚合和解聚作用都伴有水的结合或释放。

5. 水是润滑剂　动物关节腔内、体腔内各种器官的组织液中的水能减轻关节和器官间的摩擦力，起到润滑作用。

6. 饮水是矿物质源　特禽一般从饮水途径获得所需钠的 20%～40%、钙的 7%～28%、镁的 6%～9%、硫的 20%～45%，水中的元素含量不可忽视。

（二）缺水对特禽的影响

饮水不足或缺水的特禽，会引起特禽的消化吸收不良，血液浓稠，体温上升，生产性能受到影响。

特禽的饮水量随季节、产蛋率的高低而变化，夏季气温高时饮水量增加，产蛋量高时饮水量增加，食量减少，粪便往往较稀，应适当限制饮水或间歇给水，除高温外，饲料中钠、钾、乳糖或其他物质含量过高，饮水量也增加，特禽饮用水的质量应符合有关标准。

第二节　特禽的常用饲料配制

一、特禽的常用饲料

特禽的常用饲料主要包括能量饲料、蛋白质饲料、矿物质饲料和维生素饲料。

（一）能量饲料

谷物饲料是特禽主要的能量饲料，常用的谷物饲料有玉米、小麦、碎米、稻谷和大麦等。玉米是谷类饲料中能量较高的饲料之一，口味好、易消化，在配合饲料时往往占很大的比重；大麦适口性差，粗纤维含量高，用量不宜过多；糠麸类属低能量饲料，添加量也不宜过大。下面介绍特禽经常使用的几种能量饲料的营养特性。

1. 玉米　可利用能值高，玉米粗纤维含量较少，为 2%左右，而无氮浸出物高达 72%，主要是淀粉。消化率高，适口性强，且产量高，价格便宜，为特禽优良的饲料。但玉米蛋白质含量低，一般在 8%左右，品质差，缺乏赖氨酸和色氨酸，钙、B

族维生素及微量元素含量低。玉米的用量可占特禽日粮的35%～65%。

2. 小麦　小麦的粗纤维含量与玉米相当，粗脂肪含量低于玉米，但蛋白质含量高于玉米，一般在13.5%左右，是谷实类籽实中蛋白质含量较高者，但其氨基酸含量中必需氨基酸含量较低，尤其是赖氨酸。小麦的能值也高，仅次于玉米，B族维生素和维生素E多，而维生素A、维生素D及维生素C含量极少，钙及微量元素含量低。因小麦中所含的可溶性多糖——阿糖基木聚糖，能增加特禽消化道食糜的黏稠度，从而降低养分消化率和饲料利用率，所以小麦占日粮的比例以不超过10%为宜。

3. 大麦　大麦的蛋白质平均含量为11%，氨基酸组成中赖氨酸、色氨酸等高于玉米，特别是赖氨酸含量比玉米高1倍多，B族维生素含量丰富，裸大麦的粗纤维含量为2%左右，与玉米差不多，皮大麦的粗纤维含量比裸大麦高1倍多，裸大麦的有效能值高于皮大麦，仅次于玉米。大麦中的单宁会影响适口性和蛋白质利用率，和小麦一样，大麦中所含的可溶性多糖——β-葡聚糖能增加特禽消化道食糜的黏稠度，从而降低养分消化率和饲料利用率，因此大麦占日粮的比例不超过10%。

4. 粟、稻谷　粟、稻谷等均为禽类的良好饲料，稻谷的粗蛋白含量比玉米稍低，氨基酸含量、钙、磷和微量元素与玉米相近。粟为黄色，含胡萝卜素，去皮后的小米和碎米均容易消化，其米粒便于雏特禽啄食，是育雏期饲料的来源之一。

5. 小麦麸　习惯上称为麸皮，是生产面粉的副产物，小麦麸价格低廉，蛋白质含量高，达15%以上，但品质较差，锰、锌、铁、B族维生素含量丰富，为禽类常用饲料，但因其能值低、纤维素含量高、容积大，特禽料中不宜用量过多，雏特禽和种特禽料中用量一般不超过5%，育成特禽料中可适当增加，用来调节饲料浓度，起到限饲作用。

6. 米糠　米糠中脂肪含量高，最高达22.4%，是能值最高

的糠麸类饲料，蛋白质含量高于玉米，钙低、磷高，但主要是植酸磷，利用率不高，铁和锰含量丰富，而铜偏低，B族维生素含量丰富，脱脂米糠的粗脂肪含量大大减少，仅有2%左右，粗纤维、粗蛋白、氨基酸和微量元素均有所提高，而有效能值降低。因米糠可能含有胰蛋白酶抑制剂、植酸及其他抗营养因子，加上米糠中脂肪含量高易发生氧化酸败，因此饲料中用量一般不超过5%。

（二）蛋白质饲料

蛋白质饲料包括植物性蛋白饲料和动物性蛋白饲料两大类。植物性蛋白饲料有各种饼粕类，如大豆饼、大豆粕、花生饼、菜子饼、棉子饼等，菜子饼和棉子饼中含有有毒成分，因此必须限喂或经过去毒处理后再行饲喂；动物性蛋白饲料一般是指鱼类、肉类和乳品加工的副产品及其他动物产品，常用的有鱼粉、肉骨粉等。

1. 大豆粕、大豆饼　大豆粕、大豆饼是大豆榨油后的副产物，通常将大豆浸提法或预压浸提法取油后的副产物称为豆粕，而将经压榨法或夯榨法取油后的副产物称为豆饼。带皮豆粕蛋白含量的范围为40%～50%，去皮豆粕蛋白含量的范围为47.5%～49%或49%以上，大豆饼因油脂含量比豆粕高，所以可利用能量高，但蛋白质含量要低一些。大豆粕是赖氨酸、色氨酸、苏氨酸的极好来源，但缺乏蛋氨酸。大豆粕、大豆饼是较好的植物性蛋白质饲料，营养价值高、适口性好，为特禽常用的蛋白质饲料。一般占日粮的15%～30%。

2. 菜子粕、菜子饼　菜子粕、菜子饼为油菜子榨油后的副产物。菜子粕在世界饼粕蛋白总产量中仅次于大豆粕，居第二位；菜子粕饼都含有较高的蛋白质，达34%～38%，含硫氨基酸含量高，精氨酸和赖氨酸含量低，粗纤维含量高，由于菜子粕饼中含有葡糖苷、芥酸及其他抗营养因子，而且具有辛辣气味，适口性差，特禽不喜欢吃，最好高温处理后使用，一般不超过日粮的10%。20世纪70年代中期加拿大培育的新品种油菜中葡糖苷和芥酸含量极低，这些营养优越的“双低”油菜品种正在被广泛采用。

3. 棉子粕、棉子饼　棉子粕、棉子饼为棉子以脱壳取油后的副产物。棉子粕在世界油料籽实总产量中排第三位，与大豆粕相比，棉子粕的蛋白略低，约41%，而纤维含量较高，达13%。棉子粕在所有四种最重要的必需氨基酸（赖氨酸、蛋氨酸、苏氨酸、色氨酸）方面是非常差的。棉酚是棉子粕中的已知有毒成分，游离棉酚可使心肌和肝脏受损导致心肌水肿、呼吸困难、衰弱和食欲减退。因此，棉子粕、饼必须经脱毒处理后才可饲喂，喂量控制在2%左右。

4. 鱼粉　鱼粉的营养价值因鱼种、加工方法和贮存条件不同而有较大差异，鱼粉蛋白质含量从40%～70%不等，进口鱼粉一般在60%以上，国产鱼粉在50%左右，鱼粉蛋白质品质好，必需氨基酸含量丰富，鱼粉中钙、磷、铁、锌、硒及B族维生素含量高，另外鱼粉的含盐量也较高。鱼粉是特禽比较好的蛋白质饲料，但鱼粉的价格相对较高，且含有糜烂素和容易受到沙门氏菌的污染，所以饲料中的使用量在10%以内，因市场上鱼粉掺假现象严重，在使用时应先检查鱼粉的品质和分析盐分的含量，以防止因鱼粉中食盐过高而引起食盐中毒。

5. 肉骨粉　肉骨粉或肉粉是以动物屠宰厂副产品中除去可食部分之后的骨、皮、脂肪、内脏等经高温、高压处理后磨碎而成的混合物。含磷量在4.4%以上的为肉骨粉，在4.4%以下为肉粉。肉骨粉和肉粉的饲用价值比鱼粉和豆粕、豆饼差，且不稳定，适口性差，容易污染沙门氏菌，因此其用量一般占饲料的5%以下。

（三）矿物质饲料

矿物饲料是含营养素比较专一的饲料，主要是补充天然饲料中的矿物质不足。例如碳酸钙、石灰石、蛋壳粉等都是含钙饲料，专为补充钙而添加；食盐用来补充钠和氯；磷酸氢钙、磷酸钙、骨粉主要是作为磷的来源；铁、铜、锌、锰、硒、碘、钴等微量元素主要是通过用饲料盐类来补充，能提供微量元素的矿物质饲料叫微量元素补充料，由于特禽对微量元素的需要量较少，微量元素补充料通常是作为添加剂加入饲料中的。

（四）维生素饲料

我国传统的禽类养殖是以青饲料补充维生素的不足，这里维生素饲料是指人工合成的各种维生素化合物，不包括某种维生素含量高的青绿多汁饲料，我国现已能生产单项维生素和禽用复合多维，由于禽类对维生素需要量较低，维生素饲料常作为饲料添加剂添加。常用维生素添加剂饲料。

与其他饲料相比，维生素添加剂的稳定性较差，光、热、水分、氧化还原、金属离子和酸碱度等都能破坏其有效成分，在保存时应放在避光、干燥、阴凉、低温环境下分类贮藏。考虑到实际生产中许多因素的影响，日粮中维生素的添加量都要在饲养标准所列需要量的基础上加上一个安全系数，以保证满足动物的实际需要，所以添加量一般均大于需要量。

为了生产上的方便，可预先按特禽对维生素的需要，拟订饲料配方，按配方将各种维生素与抗氧化剂和稀释剂加在一起充分混匀后，即制成特禽用复合多种维生素，也称维生素预混料。

（五）饲料添加剂

饲料添加剂可分为两类：一类为营养性添加剂，如氨基酸添加剂、维生素添加剂和微量元素添加剂；另一类为非营养性添加剂，如抗菌剂、抗球虫剂与抗蠕虫剂、抗氧化剂与防霉剂、调味剂和着色剂等。

营养性添加剂中的维生素添加剂及微量元素添加剂以上已有叙述，氨基酸添加剂目前各国指定在饲料中应用的有：蛋氨酸、赖氨酸、谷氨酸、色氨酸、甘氨酸及苏氨酸，在我国普遍应用的只有蛋氨酸和赖氨酸，在特禽饲料中添加蛋氨酸和赖氨酸后，可使饲料中必需氨基酸趋于平衡，从而提高蛋白质的利用率，对特禽的生长、产蛋率都有明显的提高。

二、特禽饲料配制

（一）特禽饲料配制的原则

1. 参照特禽的饲养标准来进行配制　根据气候变化情况、动物的健康状况、生产需要及实际饲喂效果对饲养标准作适当调整。结合本场的生产水平、灵活运用，不能照搬。

2. 饲料应符合特禽的消化生理特点　大部分特禽对粗纤维的利用率较低，在配制日粮时应考虑日粮中粗纤维的含量不能过高。

3. 充分利用当地饲料资源　饲料占生产成本的比例较大，在配制日粮时应尽量利用本地饲料资源，以降低饲料费用。选用饲料时，要注意饲料的营养特性，因同一种饲料原料产地不同，营养价值上往往有差异，另外还要考虑到饲料价格。

4. 饲料要多样化　各类饲料含有的营养物质不同，配制饲料时如果饲料品种单一，很难保证营养的全面，所以尽可能多选择几种饲料原料进行饲料配制，在营养上相互补偿，有利于提高日粮消化率和营养物质的利用率。

5. 饲料原料要求品质良好　存放时间过长的原料，营养水平会降低，特别是维生素饲料，同时不要饲喂已出现酸败、霉烂、变质的饲料。

6. 配制饲料时要注意适口性　日粮中高粱、菜子饼等含量过高时会影响到特禽的适口性，禁止使用霉变和被污染的饲料，对含有毒害物质饲料如棉子饼、菜子饼要脱毒和限量饲喂。

7. 饲料配合应保持相对稳定　如需要改变饲料种类或饲料配方，应逐步进行或在饲喂时有几天过渡的时间，以免因饲料种类或配方的突然变化而影响特禽的消化机能及正常的生产。

8. 饲料必须搅拌均匀　特禽的配合饲料由多种单一饲料混

合而成，有的数量非常微小，所以必须混合均匀，特别是微量元素、维生素及抗生素等，必须先加辅料后再与其他饲料充分拌匀。

（二）饲料配方设计的步骤和方法

1. 饲料配方设计的基本步骤

（1）确定饲料原料种类　根据饲料资源、库存情况、市场行情、动物种类和不同的生理阶段、不同的生产目的和不同的生产水平，来确定采用哪些种类饲料。

（2）确定营养指标　主要根据特禽的不同生理阶段、不同生产目的及不同生产水平，确定要计算哪些营养指标及其要求量（或限制量）。有的指标有上下限约束，有的要限制上限，有的要限定下限。每种营养指标值确定的主要根据：一是国内外（尤其国内）正式公布的饲养标准；二是本地、本场的长期生产经验的数据；三是制定配方者的理论知识和实践经验的结合；四是用户的特别要求；五是特别的科研试验要求等。绝对不能无根据的确定。

（3）查营养成分表　根据所确定采用的饲料及营养指标，查阅饲料营养成分表。营养成分因地因时，因分析手段不同而有差别，因此最好采用自己分析的数据，其次查阅本地区、全国以至国外的饲料营养成分表。

（4）确定饲料用量范围　主要根据饲料的来源、库存、价格、适口性、消化性、营养特点、有毒性、动物种类、生理阶段、生产目的和生产水平等。

（5）查明饲料原料价格　按原料收购价或市场价格，即能购到的实际价格。

（6）按照采取的计算饲料配方方法，进行计算，即可得出所需配方。

2. 计算饲料配方的方法　有交叉法、代数法、试差法和使用电子计算机优选配方。

（1）交叉法，也叫方形法、对角线法。在饲料种类少、营养指标要求低的情况下，可以用这一方法。

（2）代数法，也叫联立方程法。饲料种类多时，计算也较复杂。

（3）试差法，也叫凑数法。这是最常用的一种配料计算方法。试差法就是以饲养标准的营养需要量为基础，用调整日粮配比的办法，满足营养需要量。初学者，显得繁琐，耐心练习，熟能生巧，也就会运用自如。

（4）使用电子计算机优选配方。用线性规划法计算配方。可以把复杂的运算在很短时间内完成，可计算出最低成本的配方。至于营养和饲料之间的错综复杂的关系，仍然需要动物营养专家来设计、处理。

重点难点提示

掌握特禽的饲料配制技术。

7日通——第五讲

特禽人工孵化技术

本讲目的

掌握特禽人工孵化技术。

第一节　人工孵化设施

一、孵化场的建设

（一）场址的选择

必须遵循社会公共卫生准则，使孵化场不致成为周围社会的污染源，同时也要注意不受周围环境的污染。因此孵化场应离居民点1 000米以上，僻静无噪声；1 000米之内无屠宰场、牲畜市场、畜牧产品加工厂及畜禽养殖场。地势应背风向阳，平坦干燥，地下水位低，排水好。交通便利，有可靠的电力供应和备用电源。

（二）孵化场布局

孵化场是最容易被污染又最怕被污染的地方，因此在建孵化场时选址要慎重，同时为了防止污染，孵化场的工艺流程是相当重要的。孵化场的工艺流程应遵循“种蛋→种蛋消毒→种蛋贮存→种蛋分级→孵化→出雏→雏特禽处置（分级、预防接种等）→雏特禽存放→雏特禽出售”的单向流程，不得逆转的原则。当前有一些孵化场孵化室与出雏室仅一门之隔，门又封闭不严，出雏室空气会污染孵化室。“种蛋→雏特禽”的长条形流程布局，对一些大型孵化场不太适用，则应以孵化室和出雏室为中心，根据流程要求及服务项目，来确定孵化场的布局，安排其他各室的位置和面积，以减少运输距离和人员在各室的来往，提高建筑物利用率。

1. 种蛋处置室　面积至少在10米^{2}以上。室温宜为20～26℃，相对湿度60%～70%为宜，应有良好的机械通风。

2. 种蛋消毒室　可按一次熏蒸种蛋总数来设计消毒室的大小。门、窗、墙、天花板的结构应密不透气，并设计排气装置。其室内温度宜为20～26℃，相对湿度60%～70%，应备有强力排风扇。

3. 种蛋贮存室　种蛋贮存温度宜为10～18℃，相对湿度60%～70%。墙壁和天花板应隔热良好，室内通风缓慢而良好，保存时间1周以内。

4. 孵化室　人工孵化室的大小，应根据孵化用机具大小、数量而定。孵化室一般采用砖墙结构，四周用水泥墙、楼板平顶；采用人形顶结构的要增设天花板，室内地面至天花板的高度宜为3.4～3.8米，孵化器顶板至天花板的高度应大于1.5米。室内既要通风，又要保温，冬暖夏凉，地面铺有水泥，且有排水出口通室外，以利冲洗消毒，孵化器前约30厘米处应开设排水沟，上盖铁篦子，铁篦子与地面保持平齐，箅孔宽1.5厘米。室内水、电必须24小时保证供应。

5. 缓冲间　位于孵化室与出雏室之间。室内温度宜为20～26℃，相对湿度宜为50%～60%，机械排风为宜。

6. 出雏室　面积由每次出雏量决定。室温宜为24～26℃，相对湿度宜为70%～75%，机械排风为宜。

7. 洗涤室　孵化室和出雏室旁应单独设置洗涤室，分别洗蛋盘和出雏盘。洗涤室内应设有浸泡池。地面设有漏缝板的排水沟和沉淀池。

8. 雏禽处置室　该室应宽敞明亮。室温宜为20～25℃，相对湿度50%～60%，备有机械排风设备。

9. 雏禽临时存放室　室外应搭设遮阴棚，室温宜为20～25℃，相对湿度55%～60%。

二、孵化机的分类及选择

孵化器可采用平面孵化器、下出雏孵化机、旁出雏孵化机、孵化和出雏两用孵化机、单出雏机等。孵化要配备平板四轮手推车、高压水枪连续注射器、照蛋灯、照蛋箱、内标式温度计、三位数测湿仪、多路测温及发电设备。

近年来，随着我国家禽和特禽养殖业的迅速发展，我国孵化机制造业也在正在兴起，各种类型的孵化机具相继问世，有些性能指标已经接近或达到国际先进水平，并有少量进入国际市场，但也有些孵化机厂家质量不过关。因此，必须严格地、慎重地挑选孵化机具，以保证种蛋的孵化率和雏鸡的健雏率。

（一）孵化机的分类

目前孵化机的种类与型号不少，根据国内习惯，大致可分为七类。

1. 按容蛋量　目前孵化机的容蛋量多以容鸡蛋数量的多少分为小、中、大型三类孵化机。国内小型孵化机容蛋量100～1 000个，中型1 000～10 000个，大型约10 000个以上。

2. 按机体形状　分为平面式、平面分层式、柜式、房间式和巷道式。

3. 按翻蛋方式　分为平翻式、八角架式、跷板式、滚筒式。

4. 按箱壁结构　分为整装式和拼装式。

5. 按热源　分为电、煤油、油电两用、煤电两用、煤气、沼气、太阳能、远红外线、半导体红外线等。

6. 按孵化操作程序　分孵化机、出雏机、孵化出雏两用机等。

7. 按通风方式　分为自然通风和动力通风式两类：前者多为平面式或平面分层式，均属小型；后者可分为顶吹式、两侧式和箱壁式。

（二）孵化机的选择

目前市场上出售的孵化机品牌众多，性能参差不齐，性能优良的孵化机应具备以下特点。

1. 精确灵敏　孵化机上控制系统的仪表质量，必须符合国家质量标准，购买时最好先测试，以保证高度的灵敏度和精确性。必须按照孵化机的说明书装配零部件。

2. 稳定耐用　孵化机内的各种构件必须经过各种仪表测试，能保证长期有效稳定地工作。对薄壁结构要具有良好的绝缘保温性能。箱体内壁要具有耐腐蚀、耐高湿的良好性能。

3. 安全可靠　电子控温系统与机械系统要安全可靠，自控与手控性能要稳定，要设有紧急自动或手动保险装置。各种按钮调节开关或插座均要能有效绝缘。

4. 维修方便　一是要求机内所有的构件拆除方便，任何部件均能更换且部件编号清楚；二是要求厂家有机内所有备用部件，并能及时维修。

5. 经济实惠　一是要求孵化机的售价要适中；二是要求孵化机能省电且操作方便，这样可降低平时支出。

6. 美观实用　孵化机内外要美观大方，无刺激性，不使工作人员产生疲劳感，与整个孵化室的色彩要协调一致。孵化机的体积要适中，既要便于操作，又不能占地过大。

第二节　特禽的人工孵化技术

一、人工孵化制度

特禽人工孵化的温度受禽的种类、季节、种蛋大小等的影响，温度范围多在37～39℃，现代孵化根据加温的不同可分为恒温孵化制和变温孵化制。

1. 恒温孵化制　即分批入孵制。采用同机内分批交错上蛋，并采取温度固定不变的孵化制度，使先入孵蛋与后入孵蛋之间相互调节孵化温度，根据种蛋的不同孵化期，每隔3～6天入孵部分数量种蛋。适宜于不同规模的特禽孵化场。

2. 变温孵化制　采用一次性装满蛋，并根据胚龄不同而温度发生变化孵化的一种入孵制度，适用于规模较大的特禽孵化场。许多实践证明，变温孵化制较符合胚胎发育规律，因此孵化率也相对高些。

二、特禽种蛋的选择与运输

1. 特禽种蛋的选择　种蛋应来自生产性能高，没有经种蛋垂直传播的疾病、受精率高、饲养管理良好的种特禽。外购种蛋，应先调查种蛋来源、种特禽健康状况和饲养管理水平。种蛋应大小适中，蛋形正常，凡蛋形过长、过圆或其他畸形蛋要淘汰。

2. 种蛋的保存和运输　为了保存种蛋，种特禽场需建一个条件良好的贮蛋室，一般建议将种蛋保存于15℃，但根据保存时间的长短应有所区别。种蛋保存3～4天的最佳温度为22℃；保存4～7天的最佳温度为16℃；而保存7天以上者，应维持在12℃。种蛋在保存期间由于水分蒸发而失去水分，周围空气中相对湿度越低，水分蒸发越快，适宜的相对湿度为70%～80%；但保存条件不应达到饱和点，因为此时蛋壳表面凝集水分，给细菌生长提供了有利的条件。贮蛋室必须保持恒温，否则相对湿度也将波动。必须将通风限制在最低限度。若贮蛋室无冷却设备，则可在夜间放入新鲜空气，而在白天气温暖和时应将贮蛋室关上。如种特禽场内无贮蛋室，则每周至少2次（最好每天）将种蛋送往孵化室；种蛋运输时应注意包装完善，目前运输种蛋时一般均采用专用包装箱，运送时应避免震荡，以防破蛋，装车和卸车时需要特别小心。冬季运输时，注意保温，以防将种蛋冻裂。

三、种蛋的消毒

1. 种蛋消毒时间　最好蛋产出后立刻消毒，生产上是每次捡蛋完毕消毒，种蛋入孵前进行第二次消毒。

2. 种蛋常用消毒方法

（1）甲醛熏蒸消毒法　每立方米用15克高锰酸钾加30毫升福尔马林。在温度20～26℃、相对湿度60%～75%的条件下，密闭熏蒸20分钟，第一次在熏蒸柜中进行，第二次在孵化机内进行，消毒时应注意避开24～96小时胚龄，消毒容器要用陶瓷盆，先加高锰酸钾，后加福尔马林。

（2）新洁尔灭浸泡消毒法　用含5%的新洁尔灭加50倍水，即配成1∶1 000的水溶液，种蛋浸泡3分钟，晾干。

（3）过氧乙酸熏蒸消毒法　每立方米用含16%的过氧乙酸溶液40～60毫升，加高锰酸钾4～6克，熏蒸15分钟。注意40%以上浓度的过氧乙酸加热至50℃易爆炸，应在低温下保存。

（4）季胺（有毒）或二氧化氯喷雾消毒法　用含120毫克/千克的季胺或80毫克/千克的二氧化氯微温溶液喷洒种蛋。

四、种蛋码盘、预热

1. 种蛋码盘　将种蛋码在孵化蛋盘上称为码盘，国外码盘采用真空吸蛋器码盘，国内孵化盘类型较多，所以靠人工码盘，一般将种蛋大头朝上放置，也可斜放或平放，码好的种蛋装在有活动轮子的孵化盘车上，挂上明显标记（注明码盘时间、品种、数量、入孵时间、批次等），推入贮存室保存。

2. 预热　入孵前预热种蛋，能使胚胎发育从静止状态中“苏醒”过来，减少孵化器里温度下降的幅度，除去蛋表面凝水，以便入孵后能立刻消毒种蛋。

五、孵化条件的控制

特禽胚胎发育所需的外界条件温度、湿度、通风换气、翻蛋和凉蛋等是否适宜，直接影响胚胎的生长发育，从而影响孵化率的高低和雏鸡品质的优劣。因此，必须根据具体情况提供适宜的孵化条件，满足胚胎的要求，获得优良的孵化效果。

1. 温度　温度是孵化的首要条件，也是孵化的关键。根据胚胎发育不同阶段的需要而施温，施温总的要求是前高、中平、后低。在孵化实践中，孵化温度还受孵化机类型、性能、种蛋类型及孵化室温度等因素的影响，需视具体情况，加以灵活掌握。在孵化过程中应根据胚胎发育状况进行调整孵化温度，做到“看胚施温”。

2. 湿度　孵化过程中，湿度的大小也应根据胚胎发育的各个阶段的生理需要来调节，孵化初期要求稍大的湿度，使胚蛋受热良好，同时减少蛋中水分的蒸发，这样有利于形成胚胎的尿囊液和羊水；孵化中期，随着胚胎发育，胚体增大，需排出尿囊液、羊水以及代谢产物，故需降低湿度，以利于胚蛋中水分的蒸发；孵化后期，为了促进胚胎破壳出雏，应提高湿度。在啄壳出雏阶段有足够的湿度时，水分与二氧化碳作用产生相应数量的碳酸。碳酸与蛋壳的碳酸钙作用变为碳酸氢钙，从而使蛋壳变脆，以促使雏特禽顺利出壳。

3. 通风　胚胎在发育过程中必须不断进行气体交换，吸入新鲜空气，排出二氧化碳，孵化机内二氧化碳的浓度最好不要超过1%；否则，胚胎发育迟缓，胎位不正或畸形，死亡率增高。孵化至有的种蛋开始破壳出雏时，更需有足够的新鲜空气，应将孵化器或出雏器的通气孔全部打开以加强换气，不然会使正在破壳的胚胎或已出壳的雏禽因缺氧而窒息死亡。

通风量的大小还会影响机内湿度的变化，通风量过大，机内湿度降低，胚胎内水分蒸发加快；通风量过小，机内湿度增加，气体交换缓慢，这些都会影响孵化率。因此，通风与湿度的调节要彼此兼顾。冬季或早春孵化时，机内温度与室温的温差较大，冷热空气对流速度增快，故应注意控制通风量；夏季机内温度与室温温差小，冷热空气交换的变化不大，应注意加大通风量。

在孵化过程除注意通风量，还应注意风速和风流。要求通风均匀和风速适当，避免风直接吹到种蛋上，不要采用轴流风机，而应采用周围螺旋气流。

4. 翻蛋　翻蛋是使种蛋受温均匀和防止胚胎与蛋壳粘连的重要措施，粘连会使胚胎血管循环受阻，影响胚胎的正常发育。同时定时调整种蛋的位置，还可增加胚胎运动，增加卵黄囊、尿囊血管与蛋黄、蛋白的接触面，有利于胚胎对营养物质的吸收利用。大型电孵化机2小时翻蛋1次，翻蛋的角度应达到90°。

5. 凉蛋　特禽胚胎发育到中期以后，由于脂肪代谢增强而产生大量的生理热，必须要定时凉蛋。凉蛋有助于散热，促进气体代谢，提高血液循环系统机能，增加胚胎调节体温的能力，又可防止机内出现超温，对提高孵化率有良好的作用。

六、胚胎发育的检查及衡量指标

1. 胚胎发育的检查　在孵化过程中，引起胚胎死亡的原因是多方面的，检查和分析胚胎死亡的原因，主要是通过照蛋、剖检等一系列检查方法，及时发现胚胎发育是否正常，了解胚胎死亡情况，分析其原因后，立即采取调整孵化条件，改进种特禽饲养管理和加强种蛋的管理工作等措施，以提高孵化效果。通过照蛋可以全面了解胚胎的发育情况，了解所用的孵化条件是否合适，如不合适应立即调整，以使胚胎发育正常，从而提高孵化效果。

照蛋时要捡出无精蛋和死胚蛋，了解入孵蛋的受精率和胚胎死亡情况，并增加孵化机内的容蛋量。无精蛋可供食用，死胚蛋和破裂蛋要剔除，以免变质腐败而污染活胚蛋和孵化机，保持机内清洁卫生。种蛋在孵化期中，照蛋的次数应视孵化场的规模、孵化方式及照蛋器的类型而定。孵化场刚开始孵化时，为了能掌握孵化机的性能及摸清各阶段孵化的特点，可适当增加照蛋次数，及时摸清胚胎发育情况和采取相应措施。一般情况下特禽种蛋可按头照、二照和三照进行，在生产上头照是十分必要的。

2. 衡量孵化效果的指标

(1) 受精率　受精率（%）＝受精蛋数÷入孵蛋数×100

(2) 早期死胚率　早期死胚率（%）＝1～6胚龄死胚数÷受精蛋数×100

(3) 受精蛋孵化率　受精蛋孵化率（%）＝出壳的全部雏数÷受精蛋数×100

(4) 入孵蛋孵化率　入孵蛋孵化率（%）＝出壳的全部雏数÷入孵蛋数×100

(5) 健雏率　健雏率（%）＝健雏数÷出壳的全部雏鸡数×100

(6) 死胎率　死胎率（%）＝死胎蛋数÷受精蛋数×100

除上述6种指标外，为了更好地反映经济效益，还可以统计受精蛋健雏孵化率、入孵蛋健雏孵化率；此外，还可以在种特禽饲养周期结束后统计种母特禽提供的健雏数，即每只种母特禽在规定的产蛋期内（一般指一个产蛋年）提供的健康雏数，这个生产性能指标对养种特禽很有意义，它综合说明种特禽生产性能的高低、健康状况和孵化效果，从而反映生产的经济效益。

七、雏特禽的分级、运输

1. 雏特禽的雌、雄鉴别　雏特禽出壳后，进行性别鉴别，淘汰一部分公雏，可减少种特禽的饲养成本。在商品特禽实行公、母分养，可提高特禽群均匀度和饲料报酬。常用的雌、雄鉴别方法是翻腔法，即翻开初生雏特禽的腔门，在泄殖腔口的下方中央有一微粒状的突起，称生殖突起，只有公雏才有生殖突起，因翻腔鉴别对雏特禽有一定的影响，特别是技术不熟练时，对雏特禽会造成伤害，因此在饲养商品特禽时，不需要雌、雄鉴别。

2. 雏特禽的分级　雏特禽稍经休息，如必须注射疫苗，则注射疫苗后即可装箱待运，将弱雏挑出单独装箱，运到特禽场单独培育，可提高雏特禽成活率和均匀度。

3. 雏特禽的运输　雏特禽的运输基本原则是迅速及时、舒适安全、注意卫生，最好能在24小时内到达。

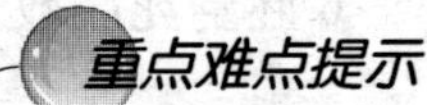

掌握特禽的孵化技术条件。

7日通——第六讲
特禽疾病的基本知识

本讲目的

1. 掌握特禽疾病防治技术措施。
2. 掌握特禽诊断治疗技术。

现代的动物养殖业大部分为集约化、规模化生产模式，疾病的发生与防治也都以群体为基础。然而，无论是疾病的确诊，还是防治效果的衡量，仍然是以一定的个体为基准，这对特禽养殖业尤为重要。

第一节　综合性防制措施

一、防疫措施

实践证明，特禽疾病的防疫措施在加强饲养管理、注意卫生监督的基础上实施，其效果尤为明显、确实。

（一）检疫隔离

检疫是整个防疫措施中的重要环节，是指利用各种诊断方法（临床检查、免疫血清学检查）发现动物群体中的感染者或动物免疫状态。特禽检疫通常在引种时要进行产地检疫（进口种禽还要进行口岸检疫）；特禽场（户）每年要进行定期检疫，以发现、了解感染情况和免疫抗体状态，便于采取相应的措施。检疫的疾病主要包括高致病性禽流感、新城疫、传染性喉气管炎、传染性支气管炎、传染性法氏囊病、马立克氏病、禽痘、鸭瘟等传染病。

（二）免疫接种

免疫接种在疫病防治中是一项十分重要的手段。给正常动物接种相应的疫苗、血清、类毒素，使其获得相应的特异性免疫力，以达到预防或治疗传染病的目的。通常免疫接种分预防接种和紧急接种两种，使用的生物制剂和接种方法也有所不同。

1. 预防接种　指在疫病未发生时，为了预防发生而采取的计划性接种。在预防接种时应根据疫苗与免疫血清的性质、种类和疫病的流行特点，以及特禽品种、体况不同而采取不同的接种途径（口服、气雾、皮下、肌内或静脉）和剂量。

2. 紧急接种　指在传染病发生时（后），为了迅速控制、扑灭传染病的流行，对疫区、场、户和受威胁的地区、场、户的未发病特禽的一种免疫接种。从理论上讲，紧急接种应先接种免疫血清或卵黄抗体，经1～2周后再接种疫苗，但在实践中往往由于免疫血清供应有限与价高，一般都选择毒力较低、免疫产生期较短的（不超过7天）疫苗接种免疫。但在直接接种后应加强观察，对发病禽应及时扑杀处理。

3. 特禽生物制品简介　特禽生物制品包括疫苗、抗体（血清、卵黄抗体）制品和诊断液三类。目前，特禽专用的制品不多，多数均是禽用生物制品，故在使用时应先做小群试验，待证明安全后再大群使用。适用于特禽的生物制品如下。

（1）新城疫疫苗　新城疫病苗种类很多，包括灭活疫苗、活疫苗（强毒力的、低毒力的和无毒力的）都有，灭活苗只能用于注射，弱毒活苗可用于饮水、滴鼻、点眼和气雾等。①新城疫Ⅰ系活苗是一种中等毒力苗，只能用于经用F系或LaSota系苗免疫过的2月龄以上的禽，不得用于雏禽，主要用于刺种皮下、肌内注射和点眼。②新城疫LaSota系活苗属弱毒力苗，有很多种，多用于14日龄内雏禽滴鼻、点眼、饮水或气雾等途径免疫。

（2）马立克氏病疫苗　也有很多种，最常用的是马立克氏病火鸡疱疹病毒（HVT）活疫苗。适用于1～3日龄出壳雏禽，每只皮下或肌内注射0.2毫升。

（3）传染性法氏囊疫苗　毒株和苗型也很多，常用的是中等毒力（B_{57}）株和低毒力（A_{80}）株活疫苗，适用于3周龄内的雏禽点眼、滴鼻或饮水免疫。

（4）禽霍乱疫苗，目前适用的禽霍乱疫苗都不理想，存在免疫期短及反应强等问题。因此，学者们多主张就地分离菌株制备甲醛灭活苗，可获得较好的免疫效果。

（5）抗病血清与卵黄抗体　目前在我国养禽中应用较广，多用于紧急接种，以防病治病，但成本较高。诸如新城疫、传染性法氏囊二联血清和卵黄抗体，新城疫高免血清和卵黄抗体，传染性法氏囊多价高免血清和卵黄抗体等。

（三）药物预防

药物预防是指利用特定的药物对动物群体进行特定疫病的发生与流行的一种非特异预防方法，在特禽养殖中经常应用。实践表明，药物对某些肠道疾病（下痢）、寄生虫病和细菌性传染病（大肠杆菌、沙门氏菌、巴氏杆菌、支原体等）的预防有明显的效果；配制成药物饲料添加剂定期补给，还可获得增重与增产的效果。通常在生产中常用的是不同药物的饲料添加剂，方便实用。

1. 药物预防的原则　近几年来，一些国际组织（WHO、WTO、OIE）与发达国家和地区已不提倡，甚至禁止在养殖业中应用药物预防疾病，以防止对人与动物造成严重的危害。因此，我国政府也颁布了一些法律法规，从业者必须遵守。

（1）在使用药物添加剂时应根据不同药物在动物体内的半衰期决定剂量、使用时间与次数，以避免由于过大、过长、过多而引发中毒，或由于过小、过短、过多而无效及引起耐药菌（虫）

株的产生。

（2）在污染地区、场、户或长期使用药物添加剂的地区、场、户，最好将不同药物添加剂交替使用，以发挥药效和减少耐药菌（虫）株产生的概率。

（3）饲养场、户在使用药物添加剂时，应严格执行农业部颁布的第278号公告（2003年7月）《兽药停药期规定》，以防止动物与动物产品药残超限而影响人体健康和出口。

（4）最好用生物制剂防治疫病的发生、流行，这是国际组织和世界各国所倡导的策略。

2. *药物预防方法* 目前生产上常见的药物添加剂有磺胺类，抗生素类和喹诺酮类药物等，大多数均可溶于水中或拌入饲料中口服，常用的比例为：磺胺类药物，预防量为0.1%～0.2%，治疗量为0.2%～0.5%；四环素族抗生素，预防量为0.01%～0.03%，治疗量为0.05%；一般连用5～7天。此外，诸如三甲氧苄氨嘧啶（TMP）、敌菌净（二甲氧苄氨嘧啶，DVD）等抗菌增效剂，既可使磺胺药物增效，又能与四环素等抗生素起协同作用，增加抗菌效力。一般TMP按1∶5比例与磺胺药混合使用，或DVD按5∶1与磺胺药混合使用，可使磺胺药的抗菌效力提高几倍。然而，在饲料添加抗生素时，应同时减少饲料中的钙含量。

（四）封锁

当发生烈性、传播迅速、危害严重的传染病（高致病性禽流感、新城疫等一类传染病）时，应采取“早、快、严、小”的原则划定疫区实施封锁，尽快控制疫情。封锁区严禁易感动物出入，非易感动物、人、车、物等要进行严格消毒后方准出入，并根据实际情况进行紧急接种、治疗、扑杀等处理措施；一切排泄物、污染物应按兽医法规规定处理，病死、扑杀处理的禽一律焚毁或经无害化处理后运出。关于解除封锁，通常在最后一个病例痊愈或死亡、扑杀后，经过本病的潜伏期后再无新病例发生，经终末消毒后，通过兽医监督部门宣布做出。应该指出的是，根据我国的兽医法规规定，一类传染病的发生、定性直至解除封锁的全过程都应在兽医监督部门监控下进行。若隐瞒疫情、私自处理等均属违法行为，对养殖业发展和人类的健康危害极大。

（五）消毒

消毒是用物理或化学方法消灭停留在不同的传播媒介物上的病原体，以切断传播途径，阻止和控制传染的发生，是综合性措施中的重要组成部分。

1. *消毒种类*　按消毒的目的和时期可分为以下几种。

（1）预防消毒　指平时未发生疫病时为预防而进行的定期消毒，包括房舍、场地、加工用具、饮饲容器和笼箱等的消毒，以消除污染存在的病原体。

（2）临时消毒　指在监测、发现或怀疑存在病原体时所采取的紧急消毒。其目的是及时消灭传染源，这种消毒往往要反复多次进行。

（3）终末消毒　指在疫区、场、户解除封锁前进行的一次全面彻底的消毒。通常包括房舍、笼具、场地、道路、用具、水源、粪池、阴沟、物品等的消毒，目的在于消灭一切可能残留的病原体，以达到净化的要求。

2. *消毒方法*

（1）物理消毒法

①清扫、洗刷、通风和过滤等方法的机械消毒法，虽然不能杀灭病原体，但可增加其他消毒法的效果。

②火焰、煮沸、干热及湿热蒸汽与高压等热消毒法，能使病原体变性凝固而灭活。

③利用自然光和紫外线的消毒法，对房舍、场地、衣服、用具和水的消毒效果十分确实，但紫外线对禽和人有危害，应多加注意。

（2）化学消毒法　采用化学药物杀灭病原体是一种最常用的

消毒方法，常用的消毒药物与适用的范围如下。

①氢氧化钠（苛性钠、火碱） 对各种病原体有较强的杀灭作用，但对金属制品有腐蚀性，对动物皮肤、黏膜有损害。多用于水泥场地、木制器具、陶瓷和玻璃制品、墙壁、阴沟、粪池等的消毒，在消毒后应用水冲洗。常用浓度为2%～4%。

②碳酸氢钠（碱） 常用4%热碱水消毒器具、衣服、食具等，消毒后也要用水冲洗。

③草木灰水 常用草木灰20千克加水100千克混合煮沸，粗滤制成，多用于洗刷地面、墙壁、笼架、用具等的消毒。20%的草木灰溶液相当于1%氢氧化钠溶液的杀菌力，经济、方便、易获得。

④漂白粉 其主要成分是次氯酸钙，遇水产生氧原子与氯原子，并通过氧化和氯化作用达到杀菌目的，漂白粉的消毒效果与有效氯的含量有关，一般要求含量为25%～36%，当有效氯含量降到16%以下则无杀菌作用，不可用于消毒。10%～20%漂白粉溶液，多用于房舍、场地、水沟、粪池等的消毒。

⑤石灰乳 将生石灰（块状）加等量水制成熟石灰后再配成10%～20%的溶液即成，多用于消毒墙壁、围栏等，使用时要现配现用，不得存放。

⑥氯胺（氯亚明） 应含有效氯11%以上，以0.0004%的浓度作饮用水消毒，也可用0.5%～5%溶液用于器具、房舍等的消毒。

⑦福尔马林 原液为含37%～40%的甲醛溶液，杀菌力极强。常用2%～4%水溶液对房舍、墙壁、场地、笼架和器具等消毒；用甲醛溶液熏蒸消毒时，每立方米空间用7毫升甲醛液、7毫升水和2.5克高锰酸钾置容器内混合（必要时可加热），在密闭下进行消毒，对霉菌的杀灭效果更佳。

⑧来苏儿 是一种常用而有效的消毒药，多用于环境、禽舍、用具、场地等消毒，但有刺激味。常用浓度为2%～3%，

喷洒、浸泡均可，很经济方便。

⑨高锰酸钾　常用于饮水、青饲料消毒，浓度为0.1%。

⑩新洁尔灭（苯扎溴铵）　对细菌、病毒有极强的杀灭力。常用0.05%～0.1%溶液手术前洗手，0.15%～0.2%溶液用于喷洒消毒。

（3）生物消毒法　是利用自然中的嗜热细菌繁殖时产生的热杀死病原体的一种消毒法，如将排泄物（粪尿）、污染物、污染垫料等堆放密封后，自然发酵产热，以达到杀灭病原体的目的，消毒完后仍可用作肥料，经济而实用。

（六）防鸟、灭鼠、杀虫

野生禽鸟类和鼠等啮齿动物类及蚊、蝇、虻、蜱、螨等节肢动物类是多种疫病的传染源、传播媒介或自然宿主，故防鸟、灭鼠、杀虫是特禽疾病防治的重要措施。

1. 防鸟　自然界的有些野禽鸟中是某些疫病的隐性感染者、带毒者，有些是疫病传播者，都属传染源，对特禽养殖威胁极大，应随时采取捉、赶等方法消除。同时在禽舍及周围应经常清扫残留、掉落的饲料，防止引来野鸟。掉落的死野鸟应及时清除焚毁。

2. 灭鼠　方法很多，如用各种器具关、夹、扎、套、扣、压、钩等器械灭鼠法；也可利用安妥、磷化锌、毒鼠磷、灭鼠宁、杀鼠磷等化学灭鼠法，但在使用时要特别慎重，以防止人畜中毒。

3. 杀虫　杀虫方法也不少，常用的火烧、沸水、蒸汽、拍打、捕捉等物理杀虫法；利用敌百虫、倍硫磷、马拉硫磷等化学杀虫法，但在实践中应选择剂量小、作用快和毒性低的有机磷杀虫剂较好。

二、加强卫生管理

实践证明，强化日常的清洁卫生管理是预防特禽疫病发生的基本措施之一，也是控制疫病蔓延的重要条件。

1. 环境卫生　特禽场、户的外环境包括周围空间、大气、场地设施等非生物因素和动物、植物、微生物等生物因素，这些因素都与特禽的生长发育和健康直接相关。为了保持特禽与环境有一个动态平衡，需要对外环境进行不断的更新与净化，这就是环境卫生措施。近年来的工业污染（废气、废水、废物等）、农业残留污染（农药、化肥、除草剂等）及动物和人的排泄物、废弃物等严重污染了外环境，造成了生态环境破坏和生物安全失控，因此养殖业者更应重视环境卫生的重要性。

2. 饮水卫生　水在自然界循环过程中常受到自然的和人为的各种污染，尤其在我国现阶段受到工业废水、农业污水和生活污水及有害、有毒废物污染更为突出，其中江、河、湖、泊水污染程度严重，地下水污染较轻，深井水和自来水较为洁净可供饮用。江河湖泊水中常见的污染物主要有病原微生物、寄生虫、农药和铅、汞、砷、镉、铬等有毒元素及放射性物质，故对这类饮用水必须进行卫生检测。

3. 饲料卫生　特禽的饲料比较简单，主要是植物性饲料，如禾谷类、糠麸类等，适当补给一定维生素和矿物质添加剂。规模化饲养时要注意对饲料进行霉变、水分含量、污染物和杂质等的检查，以防止中毒、损伤等发生，同时也要贮存于通风、干燥之处。

4. 用具卫生　饲养用具（包括笼箱架、料水盆、加工用具和饲料车等）的卫生状况与疫病发生传播直接有关，必须进行定期或不定期的清洗消毒，并存放在干燥处。

三、建立特禽健康种群

俗话说“好种出好苗”。要使幼禽成禽健康无病、获得良好的经济效益，首先应建立健康的种群，以保障特禽正常的生产经营。种禽场除应无垂直传播的疾病（大肠杆菌病、沙门氏菌病、支原体病、网状内皮细胞增生症、禽传染性脑脊髓炎、减蛋综合征、传染性贫血、病毒性关节炎等）外，还应无新城疫、马立克氏病、传染性法氏囊病、禽痘和鸭瘟等病。

四、改善饲养管理条件

科学合理的饲养管理是增强特禽非特异性抵抗力的基础，故不断改善其饲养管理条件是疾病防治的重要措施之一。保持禽舍通风良好、适宜的温度和湿度、合理的调配饲料和供给洁净饮水等是加强饲养管理的重要内容。

1. 通风换气　禽的新陈代谢十分旺盛，每千克体重的耗氧量约为其他动物的2倍。如舍内通风不良、饲养密度过大，都会造成供氧不足，氨、二氧化碳、硫化氢等有害气体迅速增加。按规定禽舍内空气中的氨浓度应不超过20微升/升，二氧化碳浓度不超过3 000微升/升（相当于0.3%），硫化氢浓度不超过10微升/升。污秽的空气对特禽生长发育影响极大，还会引发以呼吸道疾病为主的多种疾病。据此，禽舍不论大小都要通风良好，保持舍内空气新鲜，首先要保证通风设备完好；其次要经常清除粪尿、污物，保证有害气体不超限。

2. 温度与湿度　禽舍温度要根据禽的生长发育阶段需要而加以维持，不可突然改变。如舍内湿度过高或过低，就会引起体质衰弱，对病原的易感性增高。禽舍湿度往往通过通风换气和调整饲养密度进行调节。

3. 饲料与饮水　特禽的饲料既要有充足的营养，又要清洁卫生。饮水应清洁新鲜。美国的禽用安全饮水标准如下：

溶解的固体总量＜（低于）100毫克/千克；

总碱度＜400毫克/千克；

硝酸盐＜45毫克/千克；

硫酸盐＜250毫克/千克；

氯化钠<500毫克/千克。

五、实行“全进全出”生产方式

在现代养殖业中实行“全进全出”的饲养方式是提高生产效率、强化卫生防疫、防止疫病发生的有效措施之一。规模化特禽场实施从雏禽到上市全程整批进、整批出，每批出舍后进行彻底清扫、消毒、空闲1～2周净化后再进雏禽，能有效地清除病原，防止连续感染的可能，也给新进特禽提供一个清洁卫生、利于生长的环境。实践证明，“全进全出”饲养方式，可获得良好的经济效益和社会效益。

第二节　诊断技术

一、流行病学调查

动物疾病的流行病学调查是疾病诊断与防治的基础，在现代养殖业中尤为重要。流行病学调查的内容与范围十分广泛，凡与疾病发生发展有关的自然条件和社会因素都在内，诸如地理地域、气象气候、生态环境、生物活动、疫源、饲料与饲养管理、疾病发生季节与时间、发病率与死亡率及发展趋势和所采用的防治方法的效果等。至于流行病学调查方式方法也多种多样，通常是先约见饲养员、兽医、业主等了解病情病况、饲养管理、防疫卫生、引种和动物出入及病的发生发展等情况，特别是对本场本地区相关传染病的发生与免疫接种的情况及寄生虫病的驱虫情况做翔实的了解；然后是进行现场探查，即对座谈了解的情况作综合分析后对重要的线索、疑点进行必要的实地调查（或取样）、评估，并做流行病学诊断。

流行病学诊断只是一种印象诊断，初步诊断结论可能有一两个以上，不能算确诊，但可作为临床诊断、病原诊断、病理诊断检查的重要依据与佐证。

二、临床检查

通常饲养员、兽医和业主对饲养动物的临床表现最了解，因此临床检查往往与流行病学调查同时进行，但考虑到有些传染病的临床表现十分相似，而其流行规律和特点有所不同，故在做出确切诊断时应以流行病学诊断为基础。

特禽疾病的临床检查内容有如下五个方面。

1. 精神状态　健康特禽十分机灵，对外界特别敏感，神态活泼，一旦受惊立刻伸颈观望，乃至飞翔跳跃。如出现迟钝、不活泼，或呈嗜眠状呆立、卧伏状等，则为病态。

2. 行为习性　驯养特禽通常比较温驯，除水禽外多喜干燥。健康特禽鸟羽毛鲜艳、光滑，姿势优美，采食、饮水、活动自在，喜于跳跃飞翔，步态稳健。若出现迟钝反应、不活泼，羽毛松乱、无光泽，卧伏，或肉髯、肉冠呈紫色等表现，则属病态。

3. 嗉囊　正常禽鸟在进食数小时后食物即下移，嗉囊即缩小。如出现嗉囊膨满，触摸有胀感、硬感或波动感，则表明有病。

4. 眼、鼻、嘴状态　健康禽鸟眼睛明亮有神，呈机警样；鼻孔干净、湿润；嘴光亮、干净、无破损。如发现眼睑下垂、流泪或有分泌物，鼻孔周围有分泌物，嘴有破损或分泌物，嘴内有假膜等均属病态。

5. 体温、脉搏与呼吸　特禽鸟的正常体温为40.0～42.0℃，根据体温变化可确定病的性质、程度与预后。一般体温超过正常生理范围表明发热，并伴有热性症状出现；体温过低少见，一般出现比正常低1.5～2.0℃，则表明预后不良。检测体温时，一般将体温计插入肛门内2～3厘米，保留2～3分钟即可。正常特禽的脉搏数为150～200次/分钟，若脉搏次数增加，多属于热性病及心力衰竭；脉搏数减少，常见于脑病和中毒病等。特禽脉搏数的检测多在翅内侧进行，以每分钟动脉搏动次数计算。正常特禽的呼吸数为15～30次/分钟。通常特禽呼吸有节律而不发声，且闭嘴。若呼吸数增加，则显示发生热性病和呼吸器官疾病等；患脑部疾病时常出现呼吸数减少。

三、病理解剖检查

病理解剖检查通常在流行病学调查与临床检查的基础上进行，更易获得确切的诊断。

（一）常见的病理学变化

1. 充血　局部组织呈红色，细小动脉血量增多，手压后红色消退。

2. 出血　局部组织血管破裂或微血管渗透性改变，血液流出进入周围组织，手压出血区红色不消退。出血有点状、条状、斑状和弥漫性出血等。

3. 肿大　器官组织超过正常者称为肿大，实质器官肿大时边缘钝厚，切开时刀口不闭合。

4. 水肿　水肿是由于组织内组织液增加引起的，肿胀、松软，手压迫后能恢复肿胀，切开流出多量液体或切面呈胶冻样。

5. 萎缩　器官组织较正常的小，呈萎缩状，其功能也减退。

6. 坏死　局部细胞组织发生死亡，坏死部位变色。

7. 贫血　全身或局部组织中的血液或血液中的红细胞减少，通常组织呈苍白色。

8. 溃疡　器官组织发生坏死后进而溶（崩）解，局部呈溃烂状。

（二）剖检程序

1. 体表检查　检查病死尸体的外观（被毛、皮肤）变化，检查天然孔（口、鼻、眼、耳、肛门）的变化，检查尸体（尸冷、尸僵、尸腐、尸斑）变化。

2. 剖检术式　尸体先用水或消毒剂浸湿后作背卧位固定，然后自肛门前沿腹中线剪开至颈部，并打开体腔，如要采取病料则应无菌操作进行。体腔及内脏器官检查：包括体腔液、浆膜、嗉囊、心脏、肺、肝、脾、肾、睾丸、卵巢、泄殖腔、胃、肠、腺体、脑、肌肉等的检查。

四、实验室检查

实验室检查可提供疾病确诊的依据，但也常在流行病学调查、临床检查和剖检的基础上才能作出确切的诊断。没有确切的诊断，所采取的防治措施往往失去作用，这点希望特禽养殖者有所重视。常用而又方便的实验室检查方法如下。

（一）病料采取与送检

这项措施对无化验条件的小型特禽场尤为重要，对及时确诊、控制、扑灭一些传染病、寄生虫病和中毒病非常有效。

1. 病料采取的基本原则

（1）应根据流行病学调查、临床观察检查和剖检的初步（印象）诊断确定重点采取的病料（大型禽鸟），或选择典型病（死）的小型禽鸟送检。

（2）传染病病料采取或整体送检时，应选择流行初中期未经任何治疗的典型病例。

（3）送检病料应是濒死（迫杀）或死亡不超过2～4小时的病例。

2. 病抖的采取与送检　病料采取全过程应保持无菌操作条件，全部器械均应消毒灭菌。病原学检查病料应先于剖检采取，病料分别置于灭菌容器内，经严密包扎后置2～8℃冰瓶中在24～48小时内送检。病理组织学检验病料应根据病理剖检变化状况采取，置于固定液（10％甲醛溶液或95％酒精）固定24小时，再换液一次后包扎送检。免疫血清学检验病料主要是采取组织和血清，均要防止污染，血清要防止溶血，采取后置2～8℃冰瓶内送检。寄生虫病检验病料主要采取虫体固定后做鉴定，也可采取粪便、肠内容物进行虫卵鉴定。饲料中毒病常采取剩余食物和胃内容进行化验、分析。

（二）微生物学检验

1. 涂片镜检　血液、渗出液、脓汁等可制成涂片，器官组织可制成抹（触）片，就地或送实验室染色镜检（常用革兰氏、姬姆萨或美蓝染色法），检查病原性细菌。也可制成悬滴标本直接在显微镜下观察运动性或孢子，以检查螺旋体或真菌等。

2. 分离培养　细菌、真菌和螺旋体等均可在适宜的培养基上生长，根据菌落形态、生化特性和动物接种进行分离鉴定；病毒可用鸡胚、细胞或易感动物接种进行分离鉴定。

（三）免疫学检验

常用的是血清学检验与变态反应两类，前者主要检查血清中的抗体及病料中的抗原，后者主要对禽鸟进行特异致敏性疾病（如禽结核等）的检查。

（四）病理组织学检验

通常将固定的病料组织作石蜡包埋，切片、染色后镜检，根据组织细胞的充血、出血、炎性、坏死和包涵体等变化作出诊断。

第三节　治疗技术

特禽的治疗技术以群体、快速、简便为前提，以适应现代养殖业（集约化、规模化）的要求。

一、给药方法

（一）拌料喂服

本法是目前常用的最佳方法之一，对经消化道吸收的药物更理想。水溶性的、非水溶性的和一些口服疫苗均可使用该种方法，可将药物用饲料拌匀后投给。粉状饲料可将药物用水溶解或稀释后充分拌匀后喂给，颗粒饲料则可将其浸泡在药液内吸附后再喂给。

注意事项：

1. 水温和料温要低，现喂现拌。

2. 一定要搅拌均匀。

3. 计算用药量一定要精确，多以千克饲料计算。

(二) 饮水给药

凡水溶性药物和经黏膜免疫的活疫苗均可通过饮水给药，十分方便，常用于特禽。药物配制是根据每只每日药量和饮水量，计算出药与水的比例，配制成一定浓度的药物饮水，自由饮用。但应注意水温要低，药物饮水不能日晒，现用现配。

(三) 点眼与滴鼻

多用于通过黏膜免疫的活疫苗接种，如雏禽新城疫低毒力株活疫苗和传染性法氏囊病弱毒活疫苗接种等。

(四) 注射给药

特禽常用的注射给药方法，以皮下注射和肌内注射为主。凡针剂药物、疫苗和抗病血清、卵黄抗体等都可用于注射给药，注射给药吸收与显效较快。

二、药物中毒与急救方法

药物与毒物仅是一步之差，药物的有效量都有一定范围，用药低于下限则达不到治疗效果，甚至会导致耐药菌株的产生；用药高于上限则会引发中毒。呋喃类和喹乙醇等药物，我国已经明令禁止在食肉动物中应用，但是很多特禽饲养场还会经常应用到在特禽疾病的预防与治疗上，极易引起中毒。

目前对大多数药物中毒的解救措施是：

1. 立即停药，对病禽进行急救，舍内保持安静和加强通风，并供给新鲜饮水。

2. 给病禽饮（灌）5%葡萄糖液和0.1%维生素C混合液，连用3天。

3. 磺胺类药物中毒时，用0.5%碳酸氢钠液与5%葡萄糖液交替饮用或灌服，并在日粮中添加双倍量多种维生素，连用5～7天。

4. 呋喃类药物中毒时，用0.01%～0.04%高锰酸钾液灌服。

5. 喹乙醇中毒时，用5%硫酸钠溶液、5%葡萄糖液、0.1%维生素C液交替饮用或灌服，连用3～5天，可迅速康复。

三、常用药物简介

特禽疾病仍以传染病与寄生虫病为主，普通病不多且无治疗价值，所以抗菌药物与抗寄生虫药物是最重要的防治药物。

（一）抗菌药物

抗菌药物由于防治效果好在兽医临床上是最重要而使用极广的一类药物，但若滥用乱用，则能引起细菌耐药性菌株的产生和产品药残超限等严重后果，因此必须合理使用才行（表6-1）。

1. 合理使用抗菌药物的原则

（1）不是由微生物引起的疾病，不能乱用抗生素。

（2）根据致病微生物的不同，要有针对性地选择和使用抗生素类药物。

（3）抗生素虽然有效剂量和中毒剂量之间距离较大，但不应随意加大用药剂量，在某些情况下可能发生中毒现象和其他副作用。

（4）对于用于治疗人或动物顽固性感染的重要抗生素，应慎用于禽类。

2. 抗生素类药物　抗生素药物种类很多，不同的抗生素对病原微生物的作用也不同。大致有如下四类。

（1）抗革兰氏阳性菌抗生素类　如青霉素、红霉素、四环素、林可霉素等，对炭疽、葡萄球菌病、链球菌病（或感染）有防治效果。通常每千克体重2万～3万单位，每天2次肌内注射。

表6-1 家禽常用的抗生素活性、抗菌谱及允许的给药途径

抗生素	抗菌谱	活性	给药途径
杆菌肽	革兰氏阳性菌	杀菌	饲料、饮水
土霉素	广谱	抑菌	饲料、饮水
四环素	广谱	杀菌	饮水
庆大霉素	广谱	抑菌	饮水
林可霉素	广谱	杀菌	饲料、饮水
可霉素/壮观霉素	广谱	抑菌	注射
新霉素	广谱	抑菌	饮水
新生霉素	广谱	杀菌	饲料、饮水
氨苄青霉素	广谱	杀菌	饲料
壮观霉素	革兰氏阳性菌	杀菌	饲料
链霉素	革兰氏阳性菌	抑菌	饲料、饮水
泰乐菌素	广谱	杀菌	饲料、饮水
维吉霉素	革兰氏阳性菌	杀菌	饲料
磺胺二甲氧嘧啶	广谱	杀菌	饮水、注射
磺胺甲噁唑	广谱	杀菌	饮水

（2）抗革兰氏阴性菌抗生素类　如链霉素、庆大霉素、卡那霉素等，对大肠杆菌病、沙门氏菌病和呼吸道疾病等有效，每千克体重2万～4万单位，每天2次肌内注射。

（3）抗革兰氏阳性阴性菌抗生素类　如四环素、土霉素、强力霉素、壮观霉素等，对大肠杆菌病、沙门氏病菌、慢性呼吸道感染、葡萄球菌病等有防治效果，通常按0.01％～0.04％拌料喂给，连喂3～5天。

（4）抗真（霉）菌抗生素类　如制霉菌素、灰黄霉素、克霉唑等，可用于曲霉菌病、念珠菌病等的防治，每次口服1万～2万单位，每天2次；或以0.01％拌料喂给，连喂3～5天。

3. *磺胺类药物*　是广谱抗菌药物，种类很多，对革兰氏阳

性与阴性菌、支原体、原虫等均有效。

（1）磺胺嘧啶　常用于霍乱、沙门氏菌、大肠杆菌等感染，通常按0.2%拌料，连服2～3天。

（2）增效磺胺　用于防治葡萄球菌病、大肠杆菌病等，常按0.02%拌料喂给，连用3～5天。

4. 抗菌增效剂，能提高多种抗菌药物（抗生素、磺胺等）的疗效，且有广谱特性。目前常用的增效剂有三甲氧苄胺嘧啶（TMP）、二甲氧苄胺嘧啶（DVD）、二甲氧基苄胺嘧啶（DMP）等。抗菌增效剂与磺胺药合用的比例为1∶5。

（二）抗寄生虫药物

抗寄生虫药物可分为抗蠕虫药（又称驱虫药，包括驱线虫药、驱绦虫药、驱吸虫药）、抗原虫药（抗球虫药、抗滴虫药）、体外杀虫药（又称杀昆虫和杀蜱螨药）。由于动物的寄生虫病多为混合感染，因此应选用高效、广谱、低毒、投药方便、价格低廉、无残留和不易产生耐药性等的抗寄生虫药。

1. 抗寄生虫药的使用原则　应用抗寄生虫药时，应注意处理好药物、寄生虫、宿主三者间的关系，合理使用抗寄生虫药物；大规模驱虫前先预试，以避免发生大批中毒；定期更换药物，以避免产生耐药性；避免动物性食品中的药物残留。

2. 常用抗寄生虫药

（1）磺胺嘧啶　抗菌、抗球虫、抗卡氏白细胞虫药。饮水0.1%～0.2%，拌料0.2%；肌内注射每千克体重40毫克。本品不能与拉沙菌素、莫能菌素、盐霉素配伍。产蛋禽慎用，最好与碳酸氢钠同时使用。

（2）磺胺二甲基异嘧啶　又名菌必灭，抗菌、抗球虫、抗卡氏白细胞虫药。饮水0.1%～0.2%，拌料0.2%；肌内注射每千克体重40毫克。使用同磺胺嘧啶。

（3）磺胺甲基噁唑　又名新诺明，抗菌、抗球虫、抗卡氏白细胞虫药。饮水0.03%～0.05%，拌料0.05%；肌内注射每千克体重 30～50 毫克。使用同磺胺嘧啶。

(4) 磺胺喹噁啉　抗菌、抗球虫、抗卡氏白细胞虫药。饮水 0.02%～0.05%，拌料 0.05%。使用同磺胺嘧啶。

(5) 二甲氧苄氨嘧啶　又名敌菌净，抗菌、抗球虫、抗卡氏白细胞虫药。饮水 0.01%，拌料 0.02%。由于易形成耐药性，因此不宜单独使用。常与磺胺类药或抗菌素按 1∶5 比例使用，可提高抗菌甚至杀菌作用。不能与拉沙霉素、莫能菌素、盐霉素等抗球虫药配伍。产蛋禽慎用。最好与碳酸氢钠同时使用。

(6) 三甲氧苄氨嘧啶　抗菌、抗球虫、抗卡氏白细胞虫药。饮水 0.01%，拌料 0.02%。由于易形成耐药性，因此不宜单独使用。常与磺胺类药或抗生素按 1∶5 比例使用，可提高抗菌甚至杀菌作用。与拉沙菌素、莫能菌素、盐霉素等抗球虫药有配伍禁忌。产蛋禽慎用。本品不能与青霉素、维生素 B_1、维生素 B_6、维生素 C 联合使用。

(7) 莫能菌素　又名欲可胖，抗球虫药物。拌料 0.009 5%～0.012 5%。能使饲料适口性变差及引起啄毛。产蛋禽禁用，火鸡慎用，肉禽在宰前 3 天停药。

(8) 盐霉素　又名优素精、球虫粉、沙利霉素，抗球虫药物。拌料 0.006%～0.007%。火鸡、珍珠鸡、鹌鹑及产蛋禽禁用。本品能引起禽的饮水量增加，造成垫料潮湿。

(9) 拉沙菌素　又名球安，抗球虫药物。拌料 0.009 5%～0.012 5%。易引起饮水量增加，造成垫料潮湿。产蛋禽禁用，肉禽在宰前 5 天停药。

(10) 马杜霉素　又名加福、抗球王，抗球虫药物。拌料 0.000 5%。拌料不匀或剂量过大，易引起禽瘫痪。肉禽宰前 5 天停药，产蛋禽禁用。

(11) 氨丙啉　又名安宝乐，抗球虫药物。饮水或拌料 0.012 5%～0.025 0%。因能妨碍维生素 B_1 吸收，因此使用时应注意维生素 B_1 的补充。过量使用会引起轻度免疫抑制。肉禽应在宰前10天停药。

（12）尼卡巴嗪　又名球净、加更生，抗球虫药物。拌料0.012 5%。超量会造成生长抑制，蛋壳变浅色，受精率下降，因此产蛋禽禁用。肉禽应在宰前4天停药。

（13）二硝托胺　又名球痢灵，抗球虫药物。拌料0.012 5%～0.025%。0.012 5%球痢灵与0.005 0%洛克沙生联用有增效作用。

（14）氯苯胍　又名罗本尼丁，抗球虫药物。拌料0.003%～0.004%。可引起禽肉和蛋有异味，所以产蛋禽一般不宜使用，肉禽应在宰前7天停药。

（15）氯羟吡啶　又名克球粉、克球多、康乐安、可爱丹，抗球虫药物。拌料0.012 5%～0.025 0%。产蛋鸡和鸭禁用，肉鸡和火鸡在宰前5天停药。

（16）地克珠利　又名杀球灵、伏球、球必清，抗球虫药物。拌料或饮水0.000 1%。产蛋禽禁用，肉禽宰前7～10天停药。

（17）妥曲珠利　又名百球清，抗球虫药物。拌料或饮水0.002 5%。产蛋禽禁用，肉禽在宰前7～10天停药。

（18）常山酮　又名速丹，抗球虫药物。拌料0.000 2%～0.000 3%。使用0.000 9%速丹可影响鸡生长；0.000 3%速丹可使水禽（鹅、鸭）中毒，因此水禽禁用。

（19）二甲硝咪唑　又名地美硝唑、达美素，抗滴虫、抗菌药物。拌料0.02%。产蛋禽禁用。水禽对本品甚为敏感，剂量大能引起平衡失调等神经症状。

（20）甲硝唑　又名灭滴灵，抗滴虫、抗菌药物。饮水0.01%～0.05%，拌料0.05%。剂量过大会引起神经症状。

（21）左旋咪唑　驱线虫药，口服，每千克体重24毫克。

四、一些常用药物的休药期

休药期是指从最后一次给药时起，到出栏屠宰时止，药物经排泄后，在体内各组织中的残留量不超过食品卫生标准所需要的时间。在休药期内不准屠宰出售。在特禽养殖业，特别是肉用特禽养殖业，必须严格按照药物的休药期规定合理用药，保证肉内的药物残留不超过食品卫生标准；否则，会影响人类的健康，使特禽及其产品无法进入市场。有关禽常用药物的休药期见表6-2。

表6-2　禽常用药物的休药期

药　名	用　法	休药期
土霉素	口服、注射	拌料使用，无休药期要求；注射使用，休药期为5天
金霉素	口服	拌料使用，休药期1天；饮水给药，休药期为4天
红霉素	内服用药，混饮时浓度为0.01%，连续饮用3～5天；注射用药时，按每千克体重每次10～40毫克给药，每天2次	休药期为1～2天
庆大霉素	内服或肌内注射	休药期为35天
新生霉素	内服用药，混饮时，每升水中添加新生霉素0.1～0.3克，连用4～7天	休药期为4天
磺胺氯吡嗪	饮水给药，用0.03%的浓度，连饮3天	休药期为5天
磺胺二甲基嘧啶	可用0.5%的浓度拌料饲喂，或者用0.2%的浓度饮水给药，连用3天，停药2天，再用3天	休药期为10天，产蛋期禁用
磺胺二甲氧嘧啶	饮水给药，浓度为0.05%，连用6天	休药期为5天
三甲氧苄氨嘧啶	肌内注射或内服给药	休药期为5天
氯苯胍	拌料饲喂	休药期为5天，产蛋期禁用

（续）

药　　名	用　　法	休药期
氨丙啉	用0.0125%～0.0240%的浓度拌料饲喂，或者用0.006%～0.024%的饮水给药，连用7天，再将用药浓度降低50%，连用14天	休药期为7天，产蛋期禁用
球痢灵（二硝苯甲酰胺）	拌料饲喂浓度为0.0125%，混饮浓度为0.0150%，治疗时饲喂浓度为0.025%～0.030%	无休药期要求
尼卡巴嗪	拌料饲喂，用药量为0.0125%	休药期为4天，产蛋期禁用
磺胺喹噁啉	拌料饲喂，治疗时，用0.1%的浓度拌料饲喂，连用2～3天，停药3天，再用0.05%的浓度拌料饲喂，连用2天，停药3天，再喂2天；或者用0.04%的浓度饮水给药，连饮2天，停药3天，再饮用2天。预防时用0.012%的浓度拌料饲喂或用0.005%的浓度饮水给药	休药期为7天，产蛋期禁用
硝基氯苯酰胺	拌料饲喂	休药期为5天，产蛋期禁用
莫能菌素	拌料饲喂，常用浓度为0.0125%	休药期为3天，产蛋期禁用该品
氯羟吡啶	拌料饲喂，用药浓度为0.0125%～0.0250%	休药期为5天
马杜霉素	拌料饲喂，用量为0.05%	休药期为5天
甲基盐霉素	抗球虫药，拌料饲喂，用量为1 000千克饲料加药60～70克	无休药期要求

重点难点提示

掌握特禽疾病的综合性防制措施及常用药物的使用。

7日通——第七讲

特禽常见疾病及其防治措施

本讲目的

掌握特禽常见疾病及其防治措施。

第一节　特禽常见传染病

一、新城疫

本病是由新城疫病毒引起的驯养特禽、野生珍禽和家禽的一种急性、热性、败血性传染病。以高热、呼吸困难、下痢、神经紊乱、黏膜和浆膜出血为特征。具有很高的发病率和病死率，是危害养禽业的一种主要传染病。驯养特禽中以乌骨鸡、珍珠鸡、雉鸡、火鸡、鹌鹑、鸽、孔雀和鸵鸟多发。

（一）病原

新城疫病毒（newcastle disease virus，NDV）属 RNA 病毒中的单股负链病毒目、副黏病毒科、腮腺炎病毒属、禽副黏病毒。病毒有血凝特性 NDV 血凝素可凝集人、鸡、豚鼠和小白鼠的红细胞，故常用红细胞凝集（HA）和红细胞凝集抑制（HI）试验来鉴定病毒、免疫检测及流行病学调查。在感染禽的器官组织、排泄物、分泌物内均含病毒，以脑、脾、肺中含毒量最高，骨髓含毒持续时间最长。病毒能在多种原代或传代细胞上生长增殖，但最常用的是鸡胚和鸡胚成纤维细胞。常用的消毒药均能杀灭病毒。

（二）诊断要点

1. 流行特点　禽鸟类易感，本病在驯养特禽和观赏禽鸟中广泛存在。一年四季均可发生，尤以冬、春季多发。病禽、带毒禽是传染源，野鸟、候鸟是重要的传播媒介，主要经污染的空气、环境、饲料、水和器具等通过呼吸道、消化道传染，也可通过损伤、交配和外寄生虫传染。各种年龄禽均可感染，幼禽和育成禽更易感染。易感群一旦暴发，发病率可达90％以上，病死率依不同禽种而异，为20％～90％。

2. 临床特征　潜伏期3～5天。

（1）最急性型　多见于流行初期和雏禽，无明显症状而突然死亡。

（2）急性型　体温升高到43～44℃，精神委顿，食欲减退乃至废绝，闭目缩颈，呆立一旁，翅尾下垂，冠髯发紫，呼吸困难，常发出“咯咯”喘鸣声，口鼻流出恶臭液体，下痢，拉黄绿色或黄白色稀粪，有的带血，后期呈蛋清样。有的出现翅腿麻痹、转圈、扭颈等神经症状，病程2～5天，转归多死亡。

（3）亚急性与慢性型　初期症状与急性型相似，随后转为亚急性型和慢性型，主要出现神经症状，诸如翅腿麻痹，站立不稳、跛行，继而头颈扭转向后，倒地转圈，最后瘫痪，通常经10～20天死亡。多见于流行中后期的成禽。

特禽中雉鸡、珍珠鸡、鸽、鹌鹑等感染后都会出现急性型、亚急性型和慢性病例。免疫不完全禽再感染后，往往出现症状不典型，发病率与死亡率也较低。

3. 剖检特征　剖检时口腔、呼吸道见有多量渗出物，有假膜，有出血点和坏死灶，嗉囊充满带有酸臭味的气体和液体，腺胃乳头特别是腺肌胃交界处有出血斑点，肌胃角质层下也有出血点。肠道黏膜有出血点并有纤维素性坏死灶。盲肠扁桃体有出血、坏死灶，心冠脂肪有出血点。鸽病例常见有腺胃、肠道和泄殖腔黏膜出血，胰脏有散在性出血、坏死，具有诊断价值。

4. 实验室检查

（1）病毒分离　采取病变组织用含有青霉素、链霉素各 1 000单位/毫升生理盐水制成匀浆悬液，经冻融后离心取上清液，接种 9～10 日龄鸡胚尿囊腔或羊膜腔，于 37℃培养 5 天，强毒和中等毒力株常使鸡胚在 30～72 小时死亡，并出现病变。取死亡胚尿囊液做 HA 试验可鉴定新城疫病毒抗原。

（2）血凝抑制试验（HI）　广泛用于流行病学调查、免疫监测和回顾性诊断，样本为禽血清。将血清在 96 孔微量血清板上做倍比稀释，加等量 4 个单位的标准抗原，鸡红细胞液浓度为 0.5%～1%，按常规方法进行。血凝抑制价在 1∶256 以上可判为阳性。

（3）荧光抗体检查　取病变组织作冷冻切片或涂片，用新城疫荧光抗体染色，镜检可见到病毒抗原。

（三）防治措施

本病无特效药物治疗。在早期用特异性高免血清、卵黄抗体有一定效果。据报道，在早期用 5～10 个常规免疫量的Ⅰ系苗做紧急预防注射，可有效地控制疫情，降低死亡率。

本病的预防必须实施综合性防治措施，其中尤以进行合理的免疫预防为关键，参考免疫程序如下。

1. 火鸡、乌骨鸡、珍珠鸡、雉鸡等，7～14 日龄用Ⅱ系或Ⅳ系滴鼻，35 日龄时再做饮水免疫，60 日龄用Ⅰ系苗肌肉接种，以后每年用Ⅰ系苗免疫一次。

2. 鹌鹑，7～10 日龄用Ⅱ系或Ⅳ系苗滴鼻或点眼，30 日龄用Ⅱ系或Ⅳ系苗饮水免疫，90 日龄肌内注射Ⅰ系苗 0.5 毫升，以后每年免疫一次。

3. 鸽，7～10 日龄用Ⅱ系或Ⅳ系苗滴鼻，35 日龄用鸽用副黏病毒Ⅰ型灭活苗肌肉接种。

二、禽流行性感冒（禽流感）

本病是由A型流感病毒引起的多种禽鸟的急性传染病，野生的禽鸟和家养的禽鸟均可感染带毒成为传染源。高致病性毒株感染后发病急、死亡快、致死率高，引起呼吸系统及全身败血症病变。

（一）病原

禽流感病毒（avian influenza viruses），属正黏病毒科、流感病毒属中的A型流感病毒。病毒含两种表面抗原，即血凝素（HA）有13种，神经氨酸酶（NA）有9种，均不稳定易发生变异，迄今已从禽鸟中发现200多种血清型病毒株。本病毒能在鸡胚与鸡胚成纤维细胞上生长增殖，在感染禽的所有器官组织、分泌物、渗出物与排泄物中都存在。病毒对热敏感，55℃1小时、60℃10分钟可灭活，多数防腐消毒药均可很快杀死，但在干燥尘埃中可存活10个月。

（二）诊断要点

1. 流行特点　在驯养特禽中火鸡最易感，发病率与死亡率几乎达100%；雉鸡、珍珠鸡的感染率达100%，但病死率为20%～80%；鸽、鸵鸟的感染发病率较低。病禽、感染带毒禽及其分泌物、排泄物是重要的传染源，往往通过污染的空气、环境、饲料、水、用具经呼吸道、消化道和皮肤黏膜感染，也可经蛋垂直传染，人员、车辆、物品、吸血昆虫、候鸟都是重要的传播媒介。

2. 临床特征　不同的特禽其感染性、潜伏期也不同，一般3～5天。最急性型不显症状而突然死亡。多数病例病程仅1～2天，出现精神沉郁、食欲废绝，头翅下垂，羽毛蓬乱，冠、肉髯发紫；头部肿胀，眼睑及跗关节肿胀，眼有多量分泌物，鼻有黏性分泌物，呼吸困难，发出“咯咯”叫声；口腔黏膜、四肢鳞状上皮可见出血点；有的出现惊厥、瘫痪、眼失明等神经病状，病死率在50%～100%。温和型病例少见，仅见有呼吸道症状，产蛋量下降，病死率低于10%。

3. 剖检特征　本病剖检特征是器官组织出现出血性败血症变化。口腔、腺胃黏膜、肌胃角质层下和十二指肠有出血病变，胸膜、胸肌心内外膜、腹部脂肪均有出血点，肝、脾、肾、肺常见有灰黄色坏死灶，气囊腹膜、输卵管表面有灰黄色渗出物。也可见到纤维素性心包炎变化。

4. 实验室检查

（1）病毒分离　采取病禽的窦分泌物、气囊、气管、肺等病料，加入1～2毫升肉汤培养基内，再加适量青霉素、链霉素后制匀浆悬液，离心后取上清液接种9～11日龄鸡胚尿囊膜或羊膜腔0.2～0.3毫升，37℃培养4天，弃去24小时内的死胚，随后取死、活胚尿囊液测血凝价，HA阳性尿囊液分别用禽流感标准阳性血清和新城疫阳性血清作血凝抑制试验，以确定病毒。

（2）血凝抑制试验　方法同新城疫微量血凝抑制试验。被检血清在96孔微量血清板上作倍比稀释，抗原为禽流感标准抗原，鸡红细胞液浓度为0.5%～1%。

（3）琼脂扩散试验　应用已知的阳性血清和阴性血清与待检抗原和阳性抗原作双向扩散试验。如阳性血清与阳性抗原之间出现沉淀线，待检抗原与阳性血清之间也出现沉淀线并和阳性抗原的沉淀线相连，即可判为阳性。本法也可用阳性抗原检测被检血清。

（三）防治措施

无特效药物供治疗。目前，在我国也无通用的疫苗，只有单价和双价的灭活疫苗供试用，用于驯养特禽时更应慎重。预防与控制本病的关键是彻底、全面的实施综合性防治措施。

三、禽痘

本病是由禽痘病毒所致的一种禽鸟类的急性、接触性传染病。临床上分皮肤型和黏膜型两种，前者以在裸露皮肤（尤以头部）上发生结节性痘疹为特征；后者以在口腔、咽喉和上呼吸道黏膜的纤维素性坏死炎症为特征，常形成假膜，故又称禽白喉。

（一）病原

病原有鸡痘病毒、鸽痘病毒、火鸡痘病毒、金丝雀痘病毒、鹌鹑痘病毒、麻雀痘病毒等，均为痘病毒科、脊椎动物病毒亚科、禽痘病毒属。在自然条件下，每种病毒对同种宿主有致病性，但也可人工感染异种宿主。病毒存在于病禽的皮肤、黏膜病灶中，有时也可扩散至血液和内脏。病毒对外界的抵抗力极强，在上皮细胞屑中的病毒，虽然完全干燥和被直射日光作用，还不致被杀死；加热至60℃需经3小时才被杀死，在－15℃以下的环境中可保持活力多年。但一般消毒药能杀灭，1%的火碱、1%的醋酸或0.1%的升汞可于5分钟内杀死此病毒。

（二）诊断要点

1. 流行特点　特禽中火鸡、鸽、鹌鹑、鹦鹉、金丝雀、燕雀等均易感，但一般在不同种之间不易交叉感染。通常在同群中均通过病禽脱落的结痂、皮屑、带毒尘埃经皮肤、黏膜损伤接触传染，蚊、蝇和体外寄生虫在病的暴发流行中起着重要的传播作用。一年四季均可发生，尤以冬末春初最易流行。

2. 临床特征

（1）特禽痘的共同特征　①皮肤型：以头部皮肤（冠、肉髯、喙角、眼、耳），有的在腿、翅、泄殖腔无毛皮肤等部位形成痘疹，初呈细薄、灰色、麸皮状覆盖物，继而长成结节状，增大变成黄色如豌豆状，表面凹凸不平而干硬，内容物黄脂样糊块，也有的出现结节融合而使眼睑闭合。重病例会出现全身症状，如精神沉郁、食欲减退等。②黏膜型：病例出现浆液性继而黏膜性鼻汁，眼睑肿胀，眼部充满脓性分泌物、失明。继而口腔、咽喉等处发生痘疹，初为黄斑，随之扩散为大片沉着物成为假膜，之后形成棕色痂块，不易剥离。假膜可发展至喉部，出现呼吸与吞咽困难，窒息而死，病死率达30%～50%。有时也可见到皮肤型与黏膜型同时出现的病例，其死亡率更高。

（2）鸽痘　幼鸽多发生黏膜型，主要侵害眼结膜和口腔、鼻腔、上呼吸道、咽喉、食道、嗉囊等黏膜。初见口腔、咽喉黏膜充血，后出现黄白色斑点，继而融合成片状假膜，然后干燥变硬，有的见有结膜炎分泌物、眼睑肿胀外翻或失明，以及沉郁、拒食和呼吸困难等全身症状，病死率几乎达100%。成鸽以皮肤型多见，以眼周围、喙角基部、鼻瘤、颈和翼下、腿内侧及全身皮肤形成痘疹为特征。病初局部出现斑点样肿胀，随后变成暗色硬块，约过2周融合扩大成覆有黄褐色痂皮且易剥落，以后痘疹干涸、缩小、呈暗色，再经20天左右结痂逐渐脱落露出皮肤，一般多为良性经过。

（3）金丝雀痘　出现严重的全身症状，常引起死亡，有的病例头部、上眼睑边缘、腿、趾出现痘疹。

3. 剖检特征　除皮肤痘疹和可视黏膜病变化，剖检时还可见到气管、食道、肠道等黏膜有出血点；肝、脾、肾肿大和心肌变性等。

金丝雀可见浆膜下出血、肺水肿和心包炎等变化。

4. 实验室检查

（1）鸡胚接种　取病料匀浆上清液0.1毫升，接种9～12日龄鸡胚绒毛尿囊膜，37℃培养5天，在绒毛膜可见到白色不透明的块状痘斑。

（2）雏鸡接种　取病禽深部上皮病变组织加入适量灭菌生理盐水、青霉素和链霉素混合制成了10%匀浆悬液，室温作用1～2小时后离心，取上清液在雏鸡冠部做划刺涂抹接种，观察5～10天可出现痘性肿胀为阳性。

（3）琼脂扩散试验　采取血清样本，抗原为痘疹（痘疱、假膜）乳剂或阳性鸡胚绒毛尿囊膜乳剂，琼脂板为1%琼脂、0.85%氯化钠、0.01%硫柳汞配成，在滴样后24～48小时出现白色沉淀线者为阳性。

（三）防治措施

1. 治疗　皮肤型病禽可在患部涂抹紫药水，内服大黄苏打片，每次1片，每天2次，以清肠健胃；口腔假膜型病禽，可先剥除假膜，然后用1%高锰酸钾液冲洗，再涂抹稀碘酊。病禽眼部如发生肿胀，眼球尚未损坏，可将眼部蓄积的干酪样物挤出，然后用2%硼酸溶液或1%高锰酸钾液冲洗干净，再滴入5%蛋白银溶液。

2. 预防　做好日常的饲养管理和卫生防疫工作，注意禽舍、场地、用具的消毒和防止野禽鸟进入。在免疫预防上，在我国主要用鸡痘鹌鹑化弱毒活菌免疫，翼内侧无血管处刺种，1月龄内雏禽刺种1针，1月龄以上刺种2针，也可用鸽痘病毒疫苗，做皮下刺种，在7～10天后刺种部出现痘疹反应即表明有效，否则做再次刺种。

四、传染性法氏囊病

本病又称冈博罗病，是由传染性法氏囊病毒引起幼禽的一种急性、高度接触性传染病。病的特征是发病突然、水样腹泻，胸肌与腿肌有斑块状出血，法氏囊等淋巴系统严重损害。禽感染后，可导致免疫抑制，诱发多种疾病和使多种疫苗免疫失败。

（一）病原

传染性法氏囊病毒（infectious bursa disease virus，IBDV），为双节段双股RNA动物病毒群。该病毒有两个血清型，Ⅰ型对鸡有致病力，Ⅱ型对火鸡等禽有致病力，两型间的抗原相关性小于10%，交叉保护力不强。病毒能在无母源抗体的鸡胚和鸡胚肾细胞、成纤维细胞上生长增殖并致死鸡胚和产生细胞病变。病毒主要存在于感染禽的法氏囊和肾脏等器官中，对外界抵抗力很强，在粪便、饲料、水中可存活52天，在病禽舍中经54～122天后仍有传染性，对热（56℃）、强酸有抵抗。

（二）诊断要点

1. 流行特点　鸡最易感，特禽中乌骨鸡、火鸡、雉鸡、藏乌鸡和孔雀等也易感，鹌鹑和鸭也可感染发病，以2～6周龄雏禽感染性最强。病禽、带毒禽自粪便排毒，污染环境、饲料、水和一切器具物品，间接或直接经消化道传染，小粉甲虫蚴也是本病的一个媒介。一经侵入，禽群突然发病，发病率可达100%，经3～5天出现死亡并达到高峰，1周后逐渐减少死亡并停止死亡，呈尖峰形曲线。病死率差异很大，低的3%～5%，高的达60%以上。本病与新城疫、支原体病、大肠杆菌病等混合感染，死亡率更高。本病一年四季均可发生，尤以4～6月多发。

2. 临床特征　发病初仅见有少数死亡禽，随后出现大批精神委顿、食减、打堆、昏睡，体温升高到43℃以上，羽毛松乱，排白色水样稀粪，肛门周围污秽，脚爪和皮肤干枯。病状持续时间不长，在发病1周后死亡减少，疫情很快平息。潜伏期2～3天。

3. 剖检特征　早期病例可见法氏囊肿胀，黏膜充血、出血、水肿和坏死，内有奶油样或棕色渗出物，严重的法氏囊呈紫黑色，体积与重量比正常的大2倍。约在发病后5天法氏囊开始萎缩。病禽胸肌、腿肌可见点状、斑状和条状出血，腺胃与肌胃交界处可见点状或条片状出血。肾肿大，呈斑纹状花肾，肾小管、输尿管内充满白色的尿酸盐。

4. 实验室检查

（1）病毒分离鉴定　取典型病例的法氏囊加入1∶5～10的灭菌生理盐水和适量青霉素、链霉素制成的匀浆悬液，冻融3次后离心，取上清液接种9～11日龄鸡胚绒毛尿囊膜，感染鸡胚在3～5天内死亡，胚胎出现出血、水肿病变。取尿囊液（抗原）与已知阳性血清（抗体）作鸡胚或鸡胚成纤维细胞中和试验，进行鉴定。

（2）琼脂扩散试验　取法氏囊组织匀浆悬液的处理上清液作

为琼扩抗原，与标准阳性血清（抗体）作琼脂扩散试验，出现白色沉淀线者判为阳性。

（三）防治措施

1. 治疗　本病无特效药物治疗，早期使用高免血清、卵黄抗体和康复血清可减少死亡。据报道，国内研制开发的克囊灵、复方喹诺酮及一些中草药制剂（速效管囊散、解毒抗炎灵等）在早期有一定疗效。

2. 预防　本病的预防应采取综合性防治措施。预防接种是预防本病的一种重要手段，灭活疫苗、弱毒活苗有数种。对种禽免疫可提高母源抗体水平，通常在开产前3周接种法氏囊油乳剂灭活苗，在产蛋期还可进行第二次免疫，其后代雏禽可在2～3周得到较好保护，防止早期感染和免疫抑制；对低或无母源抗体的禽群雏禽，于1～2日龄时用2倍免疫量的弱毒活苗作饮水免疫，在14日龄时同样方法作第二次免疫；对母源抗体较高且水平较齐的禽群雏禽，可在14～16日龄及25～30日龄时用弱毒活苗分别做2次饮水免疫。

由于病毒变异株的出现，导致免疫失败增加，有些饲养场将本场病禽的法氏囊制备成组织灭活苗用于预防接种，方法是在7～14日龄和35～45日龄进行2次免疫注射，能取得良好的预防效果。

五、马立克氏病

本病是由疱疹病病毒引起的一种禽淋巴组织增生性恶性肿瘤病，病的特征是外周神经、性腺、虹膜、各种脏器、肌肉、皮肤等部位的淋巴样细胞浸润和形成肿瘤病灶，传染性甚强。

（一）病原

马立克氏病病毒（Marek′s disease virus，MDV），属疱疹病毒科，丙疱疹病毒亚科，该病毒能在鸭胚成纤维细胞、鸡肾细胞上生长增殖，产生病变，形成蚀斑与合胞体，在感染细胞核内可见到包涵体。本病毒有三个血清型，其中血清Ⅰ型为致瘤性强毒，Ⅱ型为非瘤性弱毒力株，Ⅲ型为火鸡疱疹病毒。

病毒在感染禽体内以两种形式存在：一种是无囊膜的裸体病毒，是严格的细胞结合毒，与细胞共存时才有感染力，细胞破坏其感染性也丧失；另一种是有囊膜的完全病毒，存在于羽毛囊上皮细胞中，可脱离细胞而存活，为非细胞结合病毒，对外界抵抗力很强，在病的传播上起重要作用。

（二）诊断要点

1．流行特点　本病主要感染鸡，特禽中乌骨鸡、火鸡、雉鸡、孔雀、鹌鹑、鸽等也感染发病、排毒，成为传染源。不同禽种间、年龄间的发病率、死亡率也不一样，差别较大，严重的可达80%。病毒随病禽、带毒禽的羽毛、皮屑、尘埃、垫料扩散传播，污染的禽类、孵化室、育雏房、用具、人员和昆虫、鼠都是病的传播媒介。饲养密度大、通风不良、卫生差等都是本病流行的诱因。

2．临床特征　本病是肿瘤病，从感染到发病潜伏期较长，人工感染经3～4周才可发病、见到病变。根据病变部位、临床症状可分为四型。

（1）神经型　主要侵害外周神经，且以坐骨神经最多见，往往出现一侧重一侧轻，发生不全麻痹、不能行动，出现特殊的“劈叉状”姿势，即一只脚向前一只脚向后。侵害臂神经时，则呈同侧翅下垂。当支配头颈的神经受侵时，出现头下垂和头颈歪斜。侵害迷走神经时，可引起失声、嗉囊扩张和呼吸困难。病禽采食、吞咽困难，饥饿消瘦、失水、衰竭死亡。

（2）内脏型　多发生，呈急性暴发。病禽萎靡、食减，羽毛蓬乱，排黄绿色稀粪，迅速消瘦，有的出现共济失调，后期出现单侧或双侧肢体麻痹。

（3）眼型　单侧眼或双侧眼发生，视力减退乃至失明，虹膜呈灰白色，瞳孔边缘不整齐，严重的瞳孔缩小。

（4）皮肤型　皮肤增厚、有结节、痂皮，毛囊肿胀呈瘤状，多发生于颈、背、腿部粗羽部位。

也有可见混合发生的病例。

3. 剖检特征　神经型常见的病变在外周神经，如腹腔神经丛、坐骨神经丛、臂神经丛和内脏大神经，一般侵害单侧，可与对侧比较判定，比正常的粗3～4倍以上。内脏型以卵巢侵害病变最常见，其次在肾、脾、肝、心、肺、胰、肠系膜、腺胃、肠道和肌肉出现大小不等的瘤块，呈灰白色，质致密坚硬，有的受害器官呈弥漫性增生、肿大，肿瘤组织呈灰白与原组织色彩相间存在呈大理石样花纹。法氏囊萎缩，有的因肿瘤细胞侵害而呈弥漫性增厚，可与白血病鉴别。

4. 实验室检查　本病的诊断依据临床症状和剖检变化即可，病原学与血清学检查只能用于确定是否感染，多用于群体感染监测。

（1）血清学检查　常用的是羽毛琼脂扩散试验，方法简单实用，适用于诊断和流行病学调查。

（2）病毒分离　采肿瘤组织、肾、脾病料制成匀浆悬液，取上清液接种4日龄鸡胚卵黄囊或绒毛尿囊膜，培养4～11天后在尿囊膜上可产生痘样病斑。也可将上清液接种鸭胚成纤维细胞、鸡肾细胞，可产生蚀斑和核内包涵体。

（三）防治措施

1. 治疗　本病无特效药物治疗。

2. 预防　目前预防本病的发生流行除做好日常的综合性防治措施外，主要是进行疫苗预防接种，防止雏禽早期感染。常用的疫苗如下。

（1）血清Ⅰ型疫苗　系将强毒株经鸡肾细胞多次传代后致弱的细胞结合性病毒苗，需在－196℃液氮中保存。

（2）血清Ⅱ型疫苗　为自然弱毒株，具有极高的免疫原性，是细胞结合毒，需在－196℃液氮中保存。

(3) 血清Ⅲ型疫苗　系火鸡疱疹病毒（HVT）疫苗，能抑制马立克氏病病毒肿瘤发生，主要起干扰作用，是一种脱离细胞的病毒苗，在生产中可以冻干，是我国目前使用最广的疫苗。

(4) 多价疫苗　为血清Ⅰ、Ⅱ、Ⅲ型的联苗，可抵抗不同型病毒的侵袭，在用 HVT 苗无效的禽群用联苗后可控制疫情。

无论何种疫苗，对1日龄雏禽就应接种，接种量要足（2～3个免疫量），疫苗稀释后应在2小时内用完，稀释后仍应放冰箱。

六、大肠杆菌病

大肠杆菌病是特禽的一种常见多发病，临床上以雏禽与部分成禽发生败血症、脐炎、气囊炎、肠炎、关节炎、肉芽肿、输卵管炎和蛋黄腹膜炎为特征。

（一）病原

大肠埃希氏菌（E. coli），为肠杆菌科、埃希氏菌属，俗称大肠杆菌，为革兰氏阴性杆菌。在普通培养基上生长良好，在麦康凯琼脂上发育呈砖红色菌落，伊红美蓝琼脂上呈黑色带有金属闪光的菌落。本菌极易形成耐药菌株，故在治疗中应多加注意。

大肠杆菌具有菌体（O）、表面（K）和鞭毛（H）三种抗原，故其血清型多，这在防治时应注意。

（二）诊断要点

1. 流行特点　珍珠鸡、火鸡、雉鸡、鸽、乌骨鸡、鹌鹑、鸵鸟、鹦鹉、鹧鸪等几乎所有特禽和珍禽鸟都易感，而且在感染后均能成为疫源，幼雏更易感且发病重。本病主要通过污染的饲料、饮水经消化道传染，经污染的蛋传染也十分普遍。饲养管理差、兽医卫生防疫工作不到位、禽舍潮湿通风不良等是本病发生、流行的诱因。

2. 临床特征　本病的临床表现多种多样。

(1) 急性败血型　通常突然死亡，部分病例出现精神沉郁、羽毛蓬乱、呆立、拉黄白色稀便，肛门周围污秽，食欲废绝，很快死亡。

(2) 卵黄腹腔炎型　产蛋期母禽多发，出现食欲减退、精神不振，腹部膨胀或下垂，腹泻，粪便中混有黏性蛋白或蛋黄碎块或凝块，肛门周围污秽，不能产蛋。

(3) 肉芽肿型　肉髯、冠苍白，食减，喝欲增加，拉灰白色稀便。

(4) 肠炎型　严重腹泻，拉灰白黄色水样便，严重脱水。

(5) 卵黄囊、脐炎型　主要发生于孵化后期的胚胎及1～2日龄的幼雏，卵黄吸收不良，脐部闭合不全，腹部膨胀而柔软下垂，俗称“大肚脐”，病死率10%以上。

此外，尚有脑炎型、眼炎型、关节炎等，表现呆立、共济失调、昏睡闭目、歪头扭颈、震颤、瘫痪等；眼前房混浊、失明；关节足垫肿胀、跛行等。

3. 剖检特征　剖开后发出恶臭气味，胸肌充出血，气囊肥厚混浊，有干酪样物附着；心包肥厚混浊，有多量绒毛样脓性物附着，俗称“绒毛心”；肝肿大呈铜绿色，有坏死斑点，表面有纤维素物附着；脾肿大呈暗紫色；有的有腹膜炎，腹腔内偶见有卵黄性物；卵巢滤泡变性变形变色，输卵管内有索状干酪样物；肠黏膜有出血变化。火鸡、鸽等病例常见有全身淋巴结结节性肉芽肿病变。

4. 实验室检查

(1) 涂片镜检　取病料制成涂片或触片，革兰氏染色镜检，可见到粉红色短杆菌。

(2) 分离培养　将病料或分离培养物接种麦康凯琼脂，37℃培养48～72小时，可见砖红色菌落。在血液琼脂上可见到溶血圈。

(3) 动物接种　取病料匀浆上清液或分离培养物腹腔接种小鼠或家兔，多在24～48小时内发病死亡。

(三) 防治措施

1. 治疗　选用分离菌药敏试验的最敏感药物治疗疗效最好。

常用的药物可选用：丁胺卡那霉素、环丙沙星、氟哌酸、庆大霉素等，肌内注射或饮水，拌料喂给。

2. 预防

（1）重点在于做好日常清洁卫生工作，定期进行大消毒、大清扫，孵化室、育雏室要定期用福尔马林熏蒸消毒、种蛋要经清洗消毒后入孵，饲料、饮水要清洁卫生。

（2）免疫预防。最好用本场、户分离的菌株制备大肠杆菌灭活苗作预防注射，持续2年，免疫效果较为确实。

七、禽霍乱（禽巴氏杆菌病）

本病是由多杀性巴氏杆菌引起的败血性传染病。以发热、腹泻、呼吸困难为特征，最急性病例迅速死亡。禽霍乱是一种接触性传染病，危害多种家禽、野禽。其特征表现为急性败血过程，发病率和死亡率都很高。低毒感染或急性发病之后，可出现慢性的、局部性的疾病。这是一种目前尚无很好防治方法而又造成重大经济损失的禽类疾病。

（一）病原

多杀性巴氏杆菌（*Pasteurella multocida*）为肠杆菌科、巴氏杆菌属，为革兰氏阴性杆状细菌，用姬姆萨、瑞氏或美蓝染色镜检，可见卵圆形两端浓染、中央着色浅小杆菌；用印度墨汁染色时，可见到清晰的荚膜。在血液琼脂上生长良好。根据菌落的45°折射光线下观察可分为三型：Fo型，菌落呈金红色，边缘呈乳白色荧光，对特禽的毒力最强；Fg型，荧光不同，毒力较弱；Nf型，无荧光，无毒力。此外，本菌菌体抗原（O）有12个（1，2，3……）、荚膜（小时）抗原（A、B、C……），组合成15个血清型，常见的血清型为5A、8A等。本菌的抵抗力不强，一般消毒药在3～5分钟内即可杀灭。

（二）诊断要点

1. 流行特点　各种观赏禽鸟、野生珍禽鸟和特种驯养禽鸟及各种家禽均易感染，通常病菌经呼吸道、消化道黏膜感染，皮肤创伤也可感染。病禽、带菌禽是主要传染源，排泄物、分泌物污染的饲料、水和用具是重要传播媒介。潮湿高温季节容易流行。

2. 临床特征

（1）急性型　精神沉郁，羽毛蓬乱，缩颈闭眼，翅膀下垂，体温升高达43～44℃，食欲减退，饮欲增加，离群呆立，不愿活动，剧烈腹泻，粪便呈灰绿色，有的便中带血。鼻、眼分泌物增加，呼吸困难，冠、肉髯、趾爪发紫，产蛋停止，病程1～3天，最后昏迷、衰竭死亡。

（2）慢性型　主要以慢性肺炎、慢性呼吸道炎、慢性胃肠炎较多见。精神委顿，体况消瘦，冠、髯苍白发硬，鼻窦肿胀，鼻分泌物增多并伴有臭味，持续腹泻。有的关节发炎而肿胀，翅下垂。病程约1个月，死亡率达50%～80%。

野鸭巴氏杆菌病，俗称“摇头瘟”，以急性型为主。病鸭常摇头，口鼻甩出黏液，不愿下水和活动，全身震颤，就地打滚而死亡。

鸽巴氏杆菌病来势猛、病情重、死亡快。出现拒食、委顿、闭目缩颈、卧伏一角，口渴喜饮，嗉囊膨满，倒提时口流淡黄色黏性液体，下痢，病程1～2天，转归死亡。

3. 剖检特征　急性型病例以败血症病变为主，皮下组织、心包膜、腹膜、心冠脂肪有出血点，十二指肠黏膜、肌胃黏膜可见点状、斑状出血，肝肿大表面有弥漫性灰白色、针头大、圆形坏死灶。慢性病例肺炎变化明显，鼻腔、上呼吸道内积液，关节肿大、变形、炎性渗出和干酪样坏死。肝有灰黄色干酪样坏死灶。母禽卵巢有充血、出血病变。

4. 实验室检查

（1）涂片镜检　取心血、渗出液、肝脾病料做涂片或触片后用美蓝、瑞氏染色后镜检，可见到卵圆形、两端浓染的短小杆菌。

(2) 分离培养　无菌采取病料接种血液琼脂培养基，37℃培养24小时，可见到细小、湿润、半透明露珠状菌落，无溶血性。

(三) 防治措施

以预防为主：接种禽霍乱疫苗进行免疫预防。因目前尚无特禽专用疫苗，在用活疫苗时应先做小群试验，表明安全后再大群使用。也可将分离的菌株经增殖培养后，加入0.1%福尔马林液灭活，再加入氢氧化铝胶制成灭活疫苗，成禽每羽注射2毫升进行预防。同时应加强饲养管理，兽医卫生防疫工作，消灭病原，消除发病诱因。发病时要及时进行隔离、消毒，并尽快处理病禽，防止传染病扩散蔓延。

八、禽白痢

本病是由鸡白痢沙门氏菌引起的以拉白色粪便为特征的一种常见多发性传染病，几乎所有特禽都易感发病。主要侵害幼禽，尤以2～3周龄内的雏禽的发病率与死亡率最高。

(一) 病原

鸡白痢沙门氏菌（*S. pullorum*），为肠杆菌科、沙门氏菌属，革兰氏染色阴性小杆菌。对外环境如日光、干燥、寒冷等有抵抗力，污染极广。一般常用消毒药都能杀灭，虽然该菌对抗菌药比较敏感，但易产生耐药性。

(二) 诊断要点

1. 流行特点　病禽与带菌禽是主要传染源，其排泄物、分泌物及整个尸体，所有污染的饲料、水、用具均可成为传播媒介。水平传播与垂直传播都存在。带菌禽的蛋约有30%以上带菌，入孵后多产生死胚、弱禽，从而又不断扩散传播。本病主要经蛋、消化道、呼吸道传染，病的发病率、死亡率与防疫卫生、孵化条件、饲养管理密切相关。

2. 临床特征　经胚胎感染的弱雏多在1～3天内死亡，少数在出壳后5～6天内虽无异常，但至1～2周后发病，并在发病后

4～5天呈死亡高峰，至20日龄后病情逐渐平息。病禽精神委顿，离群呆立，闭目缩颈，羽毛蓬乱，食欲废绝，畏寒战抖，两翅下垂，拉白色糊状稀粪，肛门周围污秽，干后结成白色硬痂堵塞肛门，常因排便困难而发出“吱吱”叫声。眼发炎而失明，呼吸困难，关节炎性肿胀而出现跛行。慢性病禽生长发育不良。成禽感染后多不显症状，仅表现产蛋量与受精率下降，也有的引发腹膜炎而呈“腹垂”现象，只有零星死亡。

3. 剖检特征　1周龄雏禽呈败血症变化，无特殊病变。病程长的病例剖检时可见到：嗉囊空虚；肝脏肿大呈土黄色，质脆易碎，表面见有散在的或弥漫性的大小不一的红点和黄白色的坏死点，有的肝脏破裂，腹腔内有血水；胆囊充盈，脾肿大，肾小管尿酸盐沉积扩张呈花斑样；在心、肝、脾、肺、肌胃等器官可见到白色坏死结节和块状出血；盲肠黏膜增厚，充满豆腐渣样内容物；心包液增量、混浊，腹膜上附有干酪样物，关节肿大内有奶油样物。成禽病例主要出现卵巢异常，滤泡萎缩、变形呈褐绿色或干酪样变化，睾丸萎缩变硬，有的有肝周炎与腹膜炎变化。

4. 实验室检查

（1）涂片镜检　取病料、渗出液做涂片或触片，革兰氏染色后镜检，可见到两端钝圆中等大小的阴性杆菌。

（2）分离培养及鉴定　取病料接种SS琼脂培养基，37℃培养24小时，可见形成中心呈灰黑色的菌落；也可接种在伊红美蓝琼脂培养基上长出淡蓝色菌落。取一接种环菌落，加1滴沙门氏菌多价阳性血清，即呈现凝集颗粒为阳性。

（3）全血玻板凝集试验　本法可检出禽群中的阳性禽。操作方法是：取1滴蓝色的白痢抗原滴于玻板或白瓷板上，从翅静脉采1滴血或抗原混匀，于25～30℃下观察2分钟，混合物呈花斑状，斑间液体清朗者判为阳性。

（三）防治措施

1. 治疗　磺胺类、抗生素、喹诺酮类药物对本病都有疗效，应在药敏试验的基础上选择药物，并注意交替用药。在治疗的同时，将病禽隔离，全舍用0.3%过氧乙酸做带禽喷雾消毒。

(1) 饲料中添加氟哌酸或饮水，效果良好。

(2) 抗生素与大蒜素配合饲喂。按每千克体重用土霉素或金霉素200毫克喂服，另加大蒜素；或每千克饲料加土霉素2～3克拌匀喂鸡，连用3～4天。

(3) 每只鸡每天用氟苯尼考拌料喂服，连用7天。

(4) 每千克饲料加入磺胺脒（或碘胺嘧啶）10克和磺胺二甲基嘧啶5克拌料喂鸡，连用5天，也可用链霉素按0.1%～0.2%加入饮水中喂鸡，连用7天。

2. 预防　本病的预防应全面实施以预防为主的方针，杜绝病原传入、扩散、清除带菌者。污染场户应严格实施强化饲养管理与卫生防疫措施，加强检疫清除阳性禽，结合每次检疫（全血平板凝集试验）淘汰处理阳性禽同时进行一次彻底的消毒。

九、禽副伤寒

本病是由沙门氏菌引起的一种急性或慢性肠道传染病，以下痢和内脏器官的灶性坏死为特征。各种家禽都能感染，但雏禽多发，常造成大批死亡；成年禽则为慢性或隐性感染，以下痢、结膜炎和消瘦为特征。常可引起人的食物中毒，在公共卫生上有重要意义。

（一）病原

其他有鞭毛、能运动的沙门氏菌是本病的病原菌，其中鼠伤害沙门氏菌最为常见，具有沙门氏菌的共有特点。

（二）诊断要点

1. 流行特点　火鸡、雉鸡、孔雀、鸽、鹌鹑、鹧鸪、鹦鹉、番鸭、海鸥等特禽鸟都易感，鸡、鸭、鹅也易感。7～20日龄雏幼禽发病率高，死亡率10%～20%，最高可达80%。带菌禽、病禽是主要传染源，经蛋垂直传染与经污染物间接传染都存在。

消化道是主要的传染途径，呼吸道和眼结膜也可感染。

2. 临床特征　雏幼禽感染后多呈败血症经过，不见病状即死亡，出现的症状与雏禽白痢相似，主要表现嗜睡呆立，垂头闭眼，两翅下垂，羽毛蓬乱，食欲不振，喝欲增加，体温升高，下痢，粪便呈灰黄色，肛门周围污秽，糊肛，关节发炎肿胀，结膜炎乃至眼失明（多呈一侧性），病程1～4天。成年禽基本呈隐性感染而不显症状。

3. 剖检特征　急性病例不见特殊病变。病雏主要出现失水消瘦，卵黄凝固，肝、脾充血，有条纹状出血与针头大小坏死灶，心包发炎呈粘连。多数病雏出现出血性肠炎病变，盲肠充满干酪样物。成禽病例主要表现肠炎变化，输卵管有坏死灶和腹膜炎病变。鸽病例则多见跗和趾关节发炎、肿大，翅关节皮下肿胀。

4. 实验室检查　目前比较常用的实验检查方法主要是先取病料做分离培养，然后将分离菌进行生化特性试验作鉴定。

（三）防治措施

1. 治疗　药物治疗可减少死亡、控制扩散。常用的药物有抗生素、磺胺药物和喹诺酮类药物，如庆大霉素、土霉素、复方敌菌净、恩诺沙星、氟诺沙星、环丙沙星等。

（1）庆大霉素每千克体重1万～2万单位，每天2次。

（2）恩诺沙星每千克体重0.1～0.2毫克，每天2次，大群时可拌料喂给。

2. 预防　目前尚无有效的疫苗用于免疫预防，只能采取综合性防治措施，强化兽医卫生防疫工作；加强屠宰检疫，防止病禽、带菌蛋和肉上市扩散；病禽必须做无害化处理；防止一切其他动物进出等。

十、禽葡萄球菌病

本病是由葡萄球菌引起的禽类的急性或慢性非接触性传染

病，是一种环境性疾病。急性常表现为败血型，慢性常以关节炎型多见，还可表现脐炎型、眼型、肺炎型等。火鸡、鸽、雉类、鸡、鸭、鹅、孔雀等均易感。孔雀常以严重腹泻、体温升高、脱水消瘦为特征。

（一）病原

金黄色葡萄球菌（*Staphylococcal aureus*），属于微球菌科，又称化脓性球菌。革兰氏染色阳性，单个、成对或排列形成不规则的堆团，排列成葡萄球状，无芽孢，无荚膜；在普通培养基上生长良好，菌落湿润、光滑、隆起、圆形。在血液琼脂上形成β-溶血圈，产生毒素和毒性酶。本菌抵抗力很强，在干燥条件下可存活3～6天，对抗生素容易产生耐药性。

（二）诊断要点

1. 流行特点　金黄色葡萄球菌广泛分布在自然界的土壤、空气、水、饲料、物体表面以及禽的羽毛、皮肤、黏膜、肠道和粪便中，主要经皮肤、黏膜损伤感染，也可能直接接触和空气传播，雏禽通过脐带也是常见的途径。多继发或并发于禽痘、缺硒症、坏死性皮炎和再生障碍性贫血。卫生条件差是主要诱发原因。季节和品种对本病的发生无明显影响，平养和笼养都有发生，但以笼养为多。

2. 临床特征

(1) 急性败血型　体温升高，精神沉郁，呆立，蹲伏，双翼下垂，眼闭呈昏睡状，食欲减退或废绝。足、翅关节红肿，走动困难。胸腹部、大腿内侧皮下浮肿，有波动压感，局部羽毛脱落。皮肤破溃，流出深茶色乃至紫黑色液体。有的部位皮肤有出血、坏死、干酪样病变。常在发病后2～3天死亡。部分病例出现腹泻。

(2) 关节炎型　多发于幼禽，突然发生，不能站立，跛行。关节肿胀，有痛感，常伏于地，采食、饮水困难，多因进行性消瘦而衰竭死亡。有的出现趾底肿胀，趾尖坏死。有的冠部皮肤增厚并覆有黑色薄痂。

(3) 脐炎型　新出壳雏由于脐部闭合不全而感染，脐孔发炎肿胀，局部呈紫黑色，俗称“大肚脐”，并出现沉郁、闭眼等全身症状，转归多死亡。

此外，还有肺炎型、眼型等，但不多见。

3. 剖检特征　皮肤、黏膜、浆膜出血，皮下积有粉红色胶冻样液体。胸肌、大腿肌有出血斑点。肝、脾、肾肿大，有大小灰白色化脓性坏死灶。关节肿大，渗出液增量，有的呈脓性干酪样坏死。

4. 实验室检查

(1) 涂片镜检　取皮下渗出液、脓汁、关节液涂片和肝、脾、肾坏死灶作触（涂）片，经革兰氏染色后镜检，可见到阳性球菌。

(2) 分离培养　取病料接种普通琼脂、普通肉汤和血液琼脂，经37℃培养24小时后能见到典型菌落特征。

(3) 动物接种　取分离培养物0.2毫升，肌内或皮下注射40～50日龄健雏鸡，在2周内发病死亡。

(三) 防治措施

以预防为主：做好日常的清洁卫生、饲养管理和防疫消毒工作，清除圈舍内的异物，定期用百毒杀或喷雾灵1∶600交替消毒，杀灭病原菌，防止感染。

十一、禽链球菌病

本病是由兽疫链球菌、粪链球菌、禽链球菌等引起的一种急性或慢性传染病，火鸡、鸽、鸡、鸭、鹅等均易感。

(一) 病原

链球菌为革兰氏染色阳性球菌，呈成对或成链状排列，兽疫链球菌在血液琼脂上生长呈β-型溶血。兽疫链球菌主要引起成禽发病，粪链球菌及其变异型主要侵害特雏禽。

（二）诊断要点

1. 流行特点　本病主要通过呼吸道和接触传染，成禽往往经污染的饲料和水传播而成为带菌者；粪链球菌对禽胚胎、雏的危害大，且可经蛋传播或在入孵时被粪污染而造成晚期胚胎死亡及雏不能出壳。

2. 临床特征　潜伏期数天至数周，在流行区可见到下列几种类型。

（1）急性败血型　主要表现沉郁，可视黏膜发绀，腹泻，粪便呈绿色或黑色，有的出现咽喉和肉髯水肿，多在12～18小时内死亡。

（2）睡眠型　多见于成年病禽，精神沉郁，嗜睡，闭目呆立或伏地，废食，腹泻，冠部水肿呈黑色，消瘦。呈慢性经过，死亡率不高。

（3）局部型　多见于成禽。①出现脚软组织炎，爪下皮肤组织坏死，跛行，传播快。发病率高达50%，但死亡率不高；②发生结膜炎，单侧域双侧出现纤维素性眼炎，眼睑肿胀、失明；③出现羽翅坏死性或纤维素性炎症，一侧或双侧翅膀肿胀，腐烂并流出恶臭液体。

（4）雏禽病型　病状多种多样，有跗、趾关节发炎性肿胀，运动障碍，跛行、站立不稳，食减乃至废食；有的出现神经症状，转圈、痉挛、翅脚麻痹，腹泻，转归多死亡。

3. 剖检特征　急性败血型病例常见有内脏器官坏死、出血性与渗出性病变，如纤维素性心包炎、腹膜炎，肝、肾有坏死点（灶），心内膜、胸黏膜有出血点。慢性病例常见有纤维素性关节炎、心包炎、腱鞘炎、心内膜和输卵管炎变化。个别病例有脑膜充血、出血病变。

4. 实验室检查

（1）涂片镜检　取关节液、渗出液等制成涂片，或取肝、脾、肾作涂（触）片，革兰氏染色后镜检，可见阳性球菌。

（2）分离培养　将病料接种于血液琼脂、普通琼脂上37℃培养48小时，可见血液琼脂上出现β-溶血圈和典型菌落。

（3）动物接种　取病组织乳剂、分离培养物0.2毫升腹腔接种18克小鼠，可在48小时内发病死亡。

（三）防治措施

1. 治疗　根据分离菌药敏试验结果选择最敏感药物治疗效果最好。通常选择对革兰氏阳性菌有效的抗生素、磺胺类药物治疗。青霉素，按每千克体重2万单位，肌内注射，连用3～5天；磺胺嘧啶，按0.2%～0.4%拌料喂给，连用5～7天；用链霉素、庆大霉素肌内注射也有一定疗效。据国外报道，以结晶土霉素10毫克/只，每天2次，可迅速扑灭本病。

2. 预防　强化清洁卫生工作，健全消毒防疫制度，加强饲养管理等日常工作是预防本病发生的关键。

十二、禽溃疡性肠炎

本病是由肠道梭状芽孢梭菌所致的一种禽类以下痢、肠道溃疡为特征的急性传染病。最早在鹌鹑中流行，呈地方性流行，故而称“鹌鹑病”。几乎所有驯养特禽、珍禽和观赏禽鸟均易感，对4～12周龄幼禽的危害最大。

（一）病原

肠道梭状芽孢杆菌为厌氧菌，革兰氏染色阳性的大杆状、两端钝圆，芽孢位于菌体的亚极位。本菌能形成芽孢，因此对外界环境有很强的抵抗力。其卵黄培养物在－20℃能存活16年，70℃能存活3小时，80℃ 1小时，而在100℃时仅能存活3分钟。肠梭菌在厌氧条件下培养的纯培养物具有极高的致病性。

（二）诊断要点

1. 流行特点　鹌鹑最易感，多见于4～12周龄鹌鹑、3～8周龄的火鸡发病率最高，幼鸽的发病率也高。每年3～6月为高发病季节。病禽和带菌禽自粪便排菌，广泛污染环境、土壤、饲料、水源和用具，通过消化道传染。一经污染会导致年复一年的发生，呈地方流行性。

2. 临床特征　一般病禽精神沉郁，食欲不振，嗉囊膨满，闭目缩颈，弓背呆立，羽毛蓬乱，不愿活动，腹部膨胀。下痢，排出白色水样便，后转为绿色或褐色，呈糊状恶臭，肛门周围污秽。进行性消瘦，死亡率几乎100%。

3. 剖检特征　急性病例主要表现十二指肠黏膜弥散性出血，肠内充满黏稠液体。肝肿大，色淡，表面有大小不一的黄灰色斑点和坏死灶。慢性病例在小肠、盲肠黏膜上可见到芝麻乃至绿豆大大小不一的溃疡灶，溃疡边缘出血、凸起，溃疡面有一层黄色或黑褐色坏死假膜。深溃疡会出现穿孔，引发腹膜炎和肠粘连。脾脏肿大、充出血，肝脏有坏死灶。

4. 实验室检查

（1）涂片镜检　取肝、脾病料或血液、渗出液作涂（触）片，革兰氏染色镜检，可见到阳性直或稍弯、有亚极位芽孢的细菌，有时也可见到游离的芽孢。

（2）鸡胚接种　取肝、脾病料制成匀浆悬液，接种5～7日龄鸡胚，感染鸡胚于48～72小时死亡。检查卵黄囊有臭味，涂片镜检有细菌和芽孢。

（3）动物接种　将病料匀浆悬液接种鹌鹑，于1～3天内鹌鹑发病死亡，剖检可见典型病变。

（三）防治措施

1. 治疗　多种抗生素有一定疗效。每千克饲料中加入链霉素60毫克或杆菌肽100毫克拌匀后喂给；均有防治作用。

首选药物为链霉素和杆菌肽，可经注射、饮水及混饲给药，其混饲浓度为链霉素0.006%、杆菌肽0.005%～0.010%，链霉素饮水浓度为1克链霉素加水4.5千克，连用3天。个别治疗可选用青霉素1万单位、链霉素3万～5万单位、庆大霉素8 000～10 000单位肌内注射或口服，每天2次，连续3～4天。

2. 预防　严格实施综合性预防措施，诸如不从疫区引种；做好日常的卫生防疫工作；对多种禽实行分离饲养；实行“全进全出”生产；及时发现、处理病禽，粪便、尸体应采取焚烧，不要土埋；定期进行消毒等。据报道，禽溃疡性肠炎油乳剂灭活疫苗具有98%～100%的保护率，免疫期可达6个月以上。

十三、禽伪结核病

本病是由小结肠炎耶尔森氏杆菌引起的一种以肠炎、肝脏等脏器形成坏死、结节等病变为特征的特禽传染病。在火鸡、鸽、雉鸡、珍珠鸡和榛鸡、金丝雀等驯养特禽和珍禽鸟中均有发生，雏幼禽的发病率可达80%，死亡率50%～100%，危害极大。

（一）病原

小结肠炎耶尔森氏杆菌为革兰氏染色阴性、两极浓染、有鞭毛、能运动的杆菌，在普通培养基、血液和麦康凯琼脂上生长良好，但具嗜冷性。

（二）诊断要点

1. 流行特点　几乎所有驯养特禽、野生珍禽鸟和家禽都易感，其中带菌麻雀危害最大。病禽鸟和带菌禽鸟是疫源，菌自粪便排出扩散，污染环境、饲料、水源和用具、土壤传播。本病主要经消化道传染，常年发生，早春发病多。

2. 临床特征　潜伏期一般为3～6天，长的15天左右。急性病例往往突然发生腹泻和败血症病状。慢性病例则出现精神萎靡，食欲减退乃至废绝，体温升高，离群蹲伏呈嗜眠状，冠和髯苍白，羽毛蓬乱，两翅下垂，严重下痢或腹泻，肛门周围污秽，呼吸困难，进行性消瘦，有的出现不全麻痹，多数衰竭死亡。

3. 剖检特征　急性病例仅有脾肿大和肠炎变化。慢性病例出现肝、脾肿大，在肝、脾、肺、胸肌等器官可见到粟粒大黄白色坏死灶和结节；肠黏膜充血、出血，有黄白相间的浅表溃疡灶，腹膜、输卵管有炎性病变。

4. 实验室检查

(1) 涂片镜检　采取肝、脾、肠系膜淋巴结、肠溃疡灶渗出物做涂（触）片，革兰氏染色后镜检，可见到革兰氏阴性杆菌。

(2) 分离培养　取肝、脾病料或发热期心血接种普通琼脂、心脑浸液琼脂、厌气肉肝汤培养基，分别于30℃、25℃下做厌氧培养24小时，可见到在固体培养基上呈弥漫性生长，菌落干涸粗糙；在液体培养基中长成均匀混浊，有沉淀；在25℃培养的菌可见到运动性。

(3) 动物接种　取分离培养物0.3～0.5毫升腹腔接种18～20克小鼠，可发病致死，也可将培养物涂布于豚鼠眼角膜内，可发生角膜炎。

(三) 防治措施

1. 治疗　卡那霉素、新霉素等有效。

2. 预防　重点是要认真做好日常的卫生防疫工作，定期进行消毒和灭鼠、做好防野鸟、杀虫工作。在免疫预防方面，国外已有灭活疫苗、弱毒活苗和亚单位疫苗用于预防接种。

十四、禽支原体病

禽支原体病，又称禽霉形体病，是由禽支原体所致禽的一种慢性传染病。主要病原是鸡毒支原体（MG）、滑液囊支原体（MS）和火鸡支原体（MM）。其中MG感染危害最严重，病症发展缓慢且病程长。主要特征为呼吸啰音、咳嗽、鼻漏、严重的气囊炎等。在火鸡常见鼻窦炎。死亡率不高，但发病率可高达90%以上。MS不同分离株致病力差异较大，病变特征为关节、腱鞘和脚掌肿胀，气囊有干酪样物，也有的引起产蛋下降。MM对鸡无明显致病作用，主要引起火鸡的气囊炎。

(一) 病原

支原体是介于细菌和病毒之间，能够独立生活的一群微生物，属于软膜体纲、支原体目、支原体科、支原体属成员。鸡毒支原体用姬姆萨或瑞氏染色着色较好，呈淡紫色，革兰氏染色时着色淡，呈弱阴性。支原体对外界环境的抵抗力不强，离开鸡体后很快失去活力。在18～20℃的室温下可存活6天。卵黄中37℃生存18周，45℃生存12～14小时死亡。在－30℃可保存1～2年。一般消毒药均可杀灭它。支原体不含细胞壁成分，对青霉素和有降解或抑制肽葡降糖合成能力的抗生素不敏感。

（二）诊断要点

1．流行特点

（1）鸡毒支原体　各种年龄鸡和火鸡都能感染，以1～2月龄雏禽和纯种禽最易感，发病率和死亡率都比成年鸡高。珍珠鸡、鹌鹑、松鸡、孔雀、野雉、鹧鸪、鹦鹉、鸽子、鸭、鹅等也易感。病禽和隐性感染的禽是主要的传染源，其传播方式主要是接触感染和经蛋感染两种。可通过带菌禽的咳嗽、喷嚏的飞沫传播，也可通过污染的器具、饲料、饮水、苍蝇等媒介传播。也可通过受精卵和精液传播。受其他病原体感染、长途运输、卫生不良、拥挤、突然更换饲料、通风不良、气候突变及气雾免疫等都可使鸡体抵抗力降低，诱发本病。本病一年四季都可发生，但以寒冷的冬春季节多发。在大群饲料的鸡中最容易发生流行，成鸡多为散发性。

（2）滑液囊支原体　鸡、火鸡以及珍珠鸡，且以幼雏为主。鸭、鹅、鸽、日本鹌鹑、红腿鹧鸪也可感染。人工接种时野鸡、鹅、鸭、也可感染。以直接接触经呼吸道传染和经蛋感染为主，通过吸血昆虫也可感染。自然感染的潜伏期24～80天，接触感染通常为11～21天。

（3）火鸡支原体　仅感染火鸡，所有不同日龄大小火鸡都有发生，但幼龄火鸡比成年火鸡更易感。鸡对火鸡支原体感染有抵抗力。主要传染方式是通过蛋进行传染，雌性生殖器的感染是因精液中含有病原体。此外，经空气的直接传播可能发生在孵化器内或群内，间接传播可由管理性操作，如交配、母鸡触诊、人工授精和免疫接种而导致。

2. 临床特征　本病呈慢性经过，病初往往不被注意，症状轻。幼禽特别是幼火鸡和幼鸡病例的症状很典型，出现流鼻液、摇头打喷嚏、咳嗽、眼周窦肿胀与眼分泌泡沫样分泌物，呼吸困难并发出啰音和“咯咯”叫声，食欲不振，发育停滞。成禽病例仅表现产蛋量下降和孵化率低，孵出的雏生命力低下。

滑液囊支原体感染的急性或慢性病例均出现关节肿大、跛行，由于尿酸盐排出增加致使粪便呈白色。

火鸡感染火鸡支原体后常发生鼻窦炎，鼻部窦部肿胀，颈部变形，跗关节肿胀。

3. 剖检特征　病禽主要病变在鼻道、副鼻道、气管与支气管，出现卡他性炎症，有浆液性、黏液性渗出物。气囊壁增厚、混浊，严重的有干酪样物。呼吸道黏膜水肿、充血、肥厚，窦腔内充满干酪样渗出物，在火鸡病例可见到胸腔、腹腔内有灰色豆腐渣样渗出物。滑液囊支原体感染病例出现关节滑液囊膜、龙骨滑液囊膜和腱鞘上附有黏稠的乳酪样渗出物，肝肿大，肾脏肿大呈斑驳状或苍白色。

4. 实验室检查

（1）病原分离　取分泌物、渗出物等病料直接接种于适应培养基上，37℃培养5～7天可见到典型菌落，再做涂片染色（姬姆萨法）检查。

（2）全血凝集试验　于玻板或白瓷板上滴2滴染色抗原，再滴1滴被检禽血液，搅拌混合，1～2分钟后观察，出现蓝紫色凝块者判为阳性。本法常用于检查污染群中的隐性感染禽。

（3）血清凝集试验　在微量血清板上将被检血清（经56℃、30分钟灭活）用生理盐水作倍比稀释，再滴入1滴阳性抗原，充分摇匀后判定，使抗原凝集的血清最高稀释倍数为该血清的凝集价。

（三）防治措施

1. 治疗　目前常用的药物有：土霉素，按0.02％～0.08％

拌料喂给；四环素，用0.02%～0.06%拌料给予；恩诺沙星，用0.01%～0.02%拌料喂给。在使用土霉素混料时，加入1.2%硫酸钠或0.4%对位苯二酸可明显提高药效。可经饮水服用的药物有：0.005%～0.01%强力霉素，0.02%～0.05%泰乐霉素，以及环丙沙星、恩诺沙星等。适用于肌肉注射的药物如链霉素，每千克体重100毫克；林肯霉素，每千克体重50毫克；壮观霉素，每千克体重50毫克；庆大霉素，每千克体重30毫克；喹诺酮类药物也可用于注射。支原体容易产生耐药性，故在治疗时用药要足，疗程不宜太短，最少要3～7天，并进行交替使用不同的药物，如能将分离菌先作药敏试验后选择最敏感药物治疗则效果更好。

上述药物也可用于本病的药物预防。

2. 预防　目前国内尚无疫苗用于生产实际，国外的疫苗也并不理想，故国内常用药物预防法，以抑制本病的流行，但应重视生物安全问题。坚持采取综合性防治措施是目前在我国大陆的最佳选择，即从非污染场引种，加强日常的饲养管理与兽医卫生防疫工作，定期进行检疫，及时清除阳性禽，实施“全进全出”饲养方式等。

十五、禽曲霉菌病

本病是由曲霉菌属中的烟曲霉菌、黄曲霉菌和黑曲霉菌等引起的以呼吸系统机能紊乱为特征的真菌性传染病。病变主要是在肺和气囊发生小结节。

（一）病原

曲霉菌属中的烟曲霉、黄曲霉菌和黑曲霉菌是主要病原菌，土曲霉菌也有一定的致病性。曲霉菌的形态特征是分生孢子呈串珠状，在孢子柄顶部囊上成放射状排列。菌在室温下生长，也可在37～40℃适应。烟曲霉菌在固体培养基上初呈白色绒毛状菌落，后形成孢子，菌落呈面粉样，呈现淡灰色、深绿色、黑绿色以至黑色等过程，能产生毒素，孢子抵抗力很强，一般消毒药经1～3小时才能杀灭。

（二）诊断要点

1. 流行特点　几乎所有（驯养的、野生的）禽鸟类均易感，一年四季都可发病，但以梅雨潮湿季节多发。主要经污染空气和污染的饲料通过呼吸道与消化道传染，也可经皮肤、黏膜损坏感染。孢子可穿过蛋壳而感染胚胎。

2. 临床特征　除出现沉郁、食减、羽毛蓬乱、蹲伏等全身症状外，主要表现呼吸困难、伸颈张口和在后期发生下痢，少数病例有摇头、头颈僵硬、共济失调、两腿麻痹等神经症状，以及眼睑肿胀、分泌物增加。慢性病例往往出现消瘦，间断性下痢，产蛋减少或停止等。

3. 剖检特征　典型病例可见肺部有粟粒大乃至黄豆大黄白色、灰白色结节，中心干酪样坏死，内有大量菌丝体外为肉芽肿组织炎性反应层，气囊、气管也有类似的结节。有的病例还可见心包纤维素性变化、心肌有灰白色结节样坏死灶，有的在肝、脾、肾等实质脏器上也有结节病变。

4. 实验室检查

（1）涂片镜检　取新鲜的病变组织、结节内容物置于载玻片上，加1～2滴20%氢氧化钾溶液或生理盐水，用针划破病料，浸泡后加盖玻片轻轻压至透明，在显微镜下可见到相互交叉的菌丝和孢子。

（2）分离培养　无菌操作采取肺部和胸部气囊结节，接种于沙氏培养基上，37℃培养48小时，长出灰白色绒毛状菌落，有霉味，经时稍久，菌落表面逐渐变为暗绿色，背面无色或略带黄褐色，取培养物用高倍显微镜检查，可见大量的菌丝、顶囊和孢子。

（三）防治措施

1. 治疗　制霉菌素有一定疗效，每只5 000单位，每天2

次，混于饲料中连喂5天；硫酸铜，配成1∶3 000溶液，连饮3～5天或给予0.5%～1%碘化钾水饮服。此外，两性霉素B、5-氟胞嘧啶、氯苯咪唑、克霉唑等也有一定疗效。

2. 预防　平时要加强饲养管理、兽医卫生防疫工作，饲料、垫料要存放干燥处且要经常日晒。房舍及用具要定期进行福尔马林熏蒸消毒或用0.4%过氧乙酸、5%石炭酸喷雾消毒。

十六、禽减蛋综合征（EDS-76）

本病是由腺病毒引起的禽类以产蛋量下降、蛋壳异常、蛋体畸形、蛋质低劣为特征的传染病。家禽中的鸡、鸭、鹅，特禽中的火鸡、乌骨鸡、珍珠鸡、鹌鹑、孔雀、野鸭和麻雀等都能感染发病，产蛋量平均下降15%，破损率平均40%左右。

（一）病原

病原为禽腺病毒中的EDS-76病毒（第12个血清型），该病毒能凝集鸡、鸭、鹅、火鸡等禽的红细胞，能在7～10日鸭胚上生长增殖，尿囊液中病毒血凝价可达Z^{18}，并致死鸭胚。也可在鸭胚成纤维细胞、鸭胚肝和肾细胞和鹅、鸡胚成纤维细胞上增殖并产生细胞病变。

病毒主要存在于感染禽的输卵管、泄殖腔和鼻黏膜上皮细胞内，并向外排毒。

（二）诊断要点

1. 流行特点　本病的易感禽类广泛，且不同年龄禽均感染，只是在产蛋期更易感。通常当病毒在禽性成熟之前入侵时一般不显症状，于产蛋期因受应激因素作用体内病毒活化而发病。本病在一些禽鸟中（野生的鸭和鹅等）往往呈隐性感染，无临床症状，但能排毒散毒。本病主要经受精卵垂直传播，经污染的途径（环境、物品、蛋盘、孵化室等）接触间接传播方式往往呈缓慢或间歇性的。

2. 临床特征　潜伏期为7～10天。初期出现蛋壳褪色，随

之产软壳蛋和薄壳蛋，薄壳蛋外表粗糙一端呈颗粒样砂纸状。于产蛋高峰前后突然出现产蛋量下降20%～50%，以及破损蛋、畸形蛋，蛋黄、蛋清异常蛋等增加，产蛋量下降往往会持续4～10周，恢复缓慢。病禽还会出现一些食减、一过性腹泻、委顿、冠髯发绀等轻度病状。

3. 剖检特征　有的可见到卵巢、输卵管萎缩或出血，子宫、输卵管黏膜水肿、苍白，输卵管内充满白色渗出物或干酪样物。在输卵管峡、阴道上皮细胞中可见到核内包涵体，输卵管出现淋巴样细胞浸润等。

4. 实验室检查

（1）血凝抑制试验　常采用微量法进行，抗原为鸭胚或鸭胚细胞培养毒，红细胞液为0.8%鸡红细胞悬液，待检血清作倍比稀释。一般禽在感染后7～10天即可检出血凝抑制抗体，至2～3周达高峰，效价可达1∶1 280以上。

（2）琼脂扩散试验　琼脂板为0.6%～1%琼脂糖、pH7.2，0.01%硫柳汞的0.85%氯化钠溶液或PBS制成。按6孔法加样，中央孔加抗原，周围孔加待检血清与阴、阳性血清对照，置于37℃作用24～48小时，出现白色沉淀者判为阳性。

（三）防治措施

1. 治疗　无特效药物治疗。

2. 预防　综合性防治措施可以预防和控制本病的发生。

（1）从外地进禽时要检测母源抗体，严防阳性雏进入。

（2）国内用于免疫预防的疫苗较多，大部疫苗毒株是国内分离的，如EDS-76AV-127毒株制造的灭活疫苗，对种禽于18～20周龄肌内注射0.4～0.5毫升后在第7天即产生免疫力，保护率达90%以上，免疫期达5个月以上。

（3）对污染场户（特别是种禽场）必须实施预防接种，通常在开产前4～10周作初次接种，产前3～4周作第二次免疫。同时淘汰扑杀全部血检阳性禽。

十七、雏鸡大理石脾病

本病是由雏鸡腺病毒引起的一种雏鸡接触性传染病，病的特征是脾高度肿大，呈大理石样外观、肝肿大和突然死亡。在美国、加拿大、澳大利亚和我国内地都存在。

（一）病原

雏鸡腺病毒，属于Ⅱ群腺病毒，具有腺病毒的共同特征。雏鸡高度感染后病毒聚集于脾脏，多数学者认为本病毒存在11个不同毒力的血清型株。病毒可在鸡胚、肾、肝细胞和鸡胚成纤维细胞上生长增殖，并形成红色蚀斑。

（二）诊断要点

1. 流行特点　各种年龄雏鸡均易感，10～12周龄及生长期雏鸡的病死率最高。本病仅在雏鸡中发生、流行，多呈跳跃式发病，流行周期为1～2年，发病率几乎100%，病死率为5%～15%。本病主要通过污染的环境、饲料、水等经消化道传染，环境污秽、通风不良等应激因素是本病流行的重要因素。

2. 临床特征　潜伏期6～8天。流行初期，只见有不显症状的雏鸡然死亡。通常见到病雏鸡呼吸加速、消化机能紊乱，粪便时干时稀，随后沉郁、羽毛蓬乱，最后因肺功能衰竭而死亡。病程1～3周，整个流行期6～8周。

3. 剖检特征　典型变化是脾肿大3倍以上，呈大理石样外观；肺充血、出血、水肿；肝脏肿大，布满小坏死灶。

4. 实验室检查

（1）包涵体检查　取肺、脾、肝病灶组织制成涂（触）片或制成切片，染色后镜检，可见到淋巴细胞、星状细胞核内包涵体。

（2）免疫扩散试验　采取血清以检测特异性抗体，也可采取脾脏、肝脏病料，以检测病毒抗原。

（三）防治措施

本病的防治除认真做好日常的综合性措施外，还可采取下列方法，以减少死亡和损失。

1. 虽然治疗上无特效药物，但注射康复雏鸡（清）或高免血清（同源）或火鸡出血清肠炎高免血清（异源）作治疗，颈、背部皮下注射0.5～1.0毫升，24小时后重复一次，可有一定效果。

2. 用中等剂量的抗生素治疗防止混合或继发性感染，以减少死亡。

3. 用火鸡出血性肠炎弱毒活疫苗作注射或饮水免疫，可获得良好的免疫力，也可作紧急接种。

十八、番鸭细小病毒病（三周病）

雏番鸭细小病毒病是由番鸭细小病毒（MPV）引起的雏鸭发病，主要侵害1～3周龄的雏番鸭，俗称“三周病”。其发病率为26%～62%，病死率为22%～43%，病愈鸭大部分成为僵鸭，给养鸭业带来一定损失。该病具有高度传染性，多以腹泻、喘气和进行性消瘦及脚发软为主要症状。

（一）病原

番鸭细小病毒属于细小病毒科，细小病毒属，与鹅细小病毒（鹅瘟病毒）间存在抗原相关性，具有一定的交叉反应。病毒存在于病鸭的肝、脾、胰、肠等器官组织中，也存在于肠上皮细胞和骨髓细胞内。病毒对分裂旺盛的组织细胞具有高度亲和力，引起定位增殖，并产生病灶。本病毒可在10～12日龄番鸭胚中增殖，并致死胚胎；也可在鸭胚成纤维细胞上复制，并形成病变，毒价也很高。

（二）诊断要点

1. 流行特点　番鸭易感，雏番鸭易感性更高，至今尚未发现其他禽类的自然病例。本病的发生一般无明显季节性，一年四季均可发生，但以春、夏季较多。病鸭可通过排泄物导致病毒的水平传播和垂直传播。

2. 临床特征　番鸭细小病毒自然感染潜伏期为4～16天，最短为2天。人工感染潜伏期为21～96小时。根据病程长短，可分为最急性、急性和亚急性三型。

（1）最急性型　多发生于出壳后6天以内的雏鸭，其病势凶猛，病程很短，只有数小时。多数病雏不表现先驱症状，即衰竭、倒地死亡。该型的病雏喙端、泄殖腔、蹼间等变化不明显，偶见羽毛直立、蓬松。临死时，两脚乱划，头颈向一侧扭曲。该型发病率低，占整个病雏的4%～6%。

（2）急性型　多发生于7～21日龄，约占整个病雏数的90%以上。其症状主要表现为精神委顿、羽毛蓬松、直立、两翅下垂、尾端向下弯曲，两脚无力，懒于走动，不合群，对食物啄而不吃。有不同程度的拉稀现象，排出灰白或淡绿色稀粪，其内常混有絮状物，并黏附于肛门周围。喙端发绀，蹼间及脚趾边也有不同程度发绀。呼吸用力，后期常蹲伏于地，张嘴呼吸，临死前，两脚麻痹，倒地抽搐，最后衰竭死亡。该型病例无甩头和喜欢饮水现象，鼻孔无黏液流出，病程2～4天。

（3）亚急性型　该型病例较少，往往是由急性型随日龄增加转化而来。其症状主要表现为精神委顿，喜蹲伏，排黄绿色或灰白色稀粪，并黏附于泄殖腔周围。该型死亡率随日龄增加而渐减，幸存者多成僵鸭。该型病雏在6周龄鸭中也是极个别发生。

3. 剖检特征　大部分病死雏鸭肛门周围有稀粪黏附，泄殖腔扩张、外翻；心脏变圆，左侧心肌松弛，尤以左心室病变明显，部分病雏心肌呈瓷白色；肝脏肿大，呈紫褐色或土色，胆囊充满；肾脏和脾脏稍肿大；胰脏肿大；表面散布针尖状灰白色病灶；肠道呈卡他性炎症，有大量的出血点密布于黏膜表面，尤以十二指肠和直肠后段黏膜严重，少数病例盲肠黏膜也有点状出血。

4. 实验室检查

（1）病毒分离　取肝、脾、胰病料制成无菌匀浆悬液，取离心上清液接种10～12日龄番鸭胚绒毛尿囊膜，可致死胚胎。也可接种鸭胚成纤维细胞，可产生细胞病变。

（2）动物接种　取肝、脾、胰病料匀浆上清液接种2周龄健康雏番鸭，可见典型发病。

（三）防治措施

1. 治疗　既无特效药物供病雏鸭治疗，也无多大实际价值。当然，对污染群用康复鸭的血清和卵黄抗体做紧急接种可起到控制疫情、减少损失的作用。

2. 预防　主要是认真做好日常的综合性防治措施，建立健康种群、孵化室和育雏室定期进行消毒，在污染场、户对孵出的雏鸭用高免血清或高免卵黄抗体作被动免疫。在免疫预防方面，首先对种母鸭在产蛋前接种灭活疫苗，以提高雏鸭的母源抗体，增强抗病力；其次，对出壳雏鸭也可用高免血清或卵黄抗体作紧急被动免疫，或用弱毒活疫苗对雏鸭进行免疫预防。

第二节　寄生虫病

一、球虫病

特禽球虫病是最重要和最常见的一种寄生虫病，分布十分广泛，几乎所有驯养特禽都感染，主要侵害幼禽和育成禽。主要特征是，艾美耳属球虫在肠道寄生繁殖，损伤组织，导致摄食、消化、营养吸收紊乱，下痢、脱水、失血等病害。

（一）病原

病原为艾美耳球虫，我国已报道的有7种，即柔嫩艾美耳球虫、毒害艾美耳球虫、堆型艾美耳球虫、巨型艾美耳球虫、哈氏艾美耳球虫、和缓艾美耳球虫和早熟艾美耳球虫。前两种的致病力较强，其余的几种依次减弱。柔嫩艾美耳球虫寄生在盲肠黏膜内，称盲肠球虫。毒害艾美耳球虫寄生在小肠段黏膜内，称小肠球虫。球虫卵的形态呈卵圆形、圆形或椭圆形。

（二）诊断要点

1. 流行特点　火鸡、鹌鹑、乌骨鸡、鸽、孔雀、野鸭、鹧鸪、鸵鸟等特禽和家禽均易感。球虫的宿主有特异性，即侵袭鸡的球虫不会侵袭火鸡等禽，而感染其他禽的球虫不会感染鸡。各种品种的禽均有易感性，雏禽有母源抗体保护，10日龄以内很少发病。15～50日龄发病率和死亡率都很高，成年禽对球虫也很敏感。病禽是主要传染源。凡被带虫鸡污染过的饲料、饮水、土壤或用具等，都有虫卵存在。禽感染球虫的途径主要是吃了感染性卵囊。

2. 临床特征

（1）火鸡　出现沉郁、羽毛蓬乱、翅下垂、鸣叫，常聚堆、厌食，腹泻，呈水样或淡褐色黏液样便，有时带血便，消瘦。

（2）鹌鹑　临床上主要出现下痢，粪便呈灰黄褐色黏液、混有血液，幼鹑发育不良，成鹑消瘦，产蛋停止，聚堆、倒地，最后衰竭死亡，病程7～20天。

（3）乌骨鸡

急性型　多发于50日龄内的小鸡，精神萎靡、食减、羽毛蓬乱、翅下垂、运动失调、消瘦、腹泻、贫血，粪内带血，病程2～3周，年龄愈小，病死率愈高。

慢性型　多发于6日龄以上的青年、成年鸡，主要表现进行性消瘦、间歇性腹泻、产蛋量下降，病程长短不一，病死率较低。

（4）鸽　幼鸽病例最突出的症状是下痢，排绿色稀粪或呈暗紫色带血稀便，肛门周围污秽，食减、喜饮，翅下垂，有的出现脚干、眼下陷，逐渐消瘦，病程十几天，转归死亡。剖检可见大、小肠黏膜有充、出血点，肠内充满暗红色内容物。

成鸽病例几乎都呈亚临床感染，病状轻微或无症状。

3. 剖检特征　剖检可见直肠水肿，回肠黏膜有溃疡灶，盲肠充满黏液状、带血内容物，整个肠黏膜有出血、充血、淤血斑点。

4. 实验室检查　在通过临床观察、病理剖检后，对典型病例采取粪便、病死禽的肠段病变黏膜进行镜检，可见到球虫卵囊和裂殖体、裂殖子时，即可确诊。

（三）防治措施

1. 治疗　抗球虫药物很多，如磺胺类、球痢灵、氯羟吡啶、氯苯胍、莫能霉素、盐霉素、那拉霉素等。可选择进行定期驱虫。

2. 预防

（1）把雏特禽和成年特禽分开饲养，防止带虫禽感染健康雏禽。

（2）禽舍中的粪便必须每天清除，堆积发酵，5天以后可杀死粪便内的全部卵囊。

（3）场地保持清洁和干燥，定期更换新土，注意向禽舍内常撒些热草木灰，定期用20%热碱水对饲养用具消毒，禽舍地面可用20%生石灰水消毒。

（4）对特禽要多喂些复合维生素或青绿饲料，以增强抗病能力。发病期间要限制麸皮及贝壳粉的用量，因为这两种饲料有促进球虫发育的作用。

二、隐孢子虫病

本病是由火鸡隐孢子虫和贝氏隐孢子虫引起的一种特禽原虫病。主要宿主为火鸡、孔雀、雉鸡、鸵鸟、鹌鹑、珍珠鸡、鹧鸪、鹦鹉和鸡等，主要侵害呼吸道和肠道，呈世界性分布。

（一）病原

1. 火鸡隐孢子虫，寄生于火鸡、鹌鹑、孔雀、鸡、鹅等消化道与呼吸道，卵囊呈球形，内含4个长形子。

2. 贝氏隐孢子虫，寄生于火鸡、鸡的法氏囊、泄殖腔、呼吸道和消化道，卵囊呈椭圆形或近球形，内含4个香蕉状子孢子和1个残体，卵囊壁光滑，无色，上有一条纵缝。

（二）诊断要点

1. 流行特点　本病易感禽鸟甚广，全球均存在，在我国也很普遍，其中尤以贝氏隐孢子虫的危害最为严重，主要经呼吸道、消化道感染。饲养密度大、通风不良、舍内污秽、环境卫生差等都是诱发流行的重要因素。

2. 临床特征　主要出现精神沉郁、厌食、嗜睡、咳嗽、喷嚏、咯咯叫声、下痢、消瘦等症状。幼鸵鸟病例的泄殖腔脱出尤为严重。

3. 剖检特征　呼吸道感染病例，可见结膜囊、鼻腔、气管内有多量分泌物，结膜充血、水肿，鼻窦肿胀，肺呈灰红色斑纹状、肺泡萎缩，气囊浑浊，脾肿大。胃肠道感染可见肠道充满大量气体和液体、肠黏膜充血或苍白，法氏囊萎缩出血。火鸡病例可见小肠苍白、肿胀，充满带气泡的液体。

4. 实验室检查　取粪便直接涂片镜检或涂片后作改良抗酸染色、镜检，均可见到卵囊。取肠管、法氏囊等病料组织作切片染色，镜检可见不同发育阶段的虫体。

（三）防治措施

1. 治疗　目前无有效药物治疗，用0.05％二甲硝咪唑饮水有一定效果。

2. 预防　加强日常的卫生防疫、饲养管理等综合性防治措施是关键。

三、禽组织滴虫病

组织滴虫病是由火鸡组织滴虫引起的一种原虫性寄生虫病，虫体主要寄生于禽类的盲肠和肝脏，引起盲肠和肝脏形成坏死性炎症，又称传染性盲肠肝炎。在疾病的末期，由于血液循环障碍，病鸡头部呈暗黑色，所以又称黑头病。多发于火鸡雏和雏鸡，成年鸡也能感染，但病情较轻；野鸡、孔雀、珠鸡、鹌鹑等有时也能感染。

（一）病原

组织滴虫属鞭毛虫纲、单鞭毛科。火鸡组织滴虫虫体呈多形性，在肠腔内虫体呈变形虫样，有一根鞭毛呈钟摆样运动；在病灶组织中虫体呈圆形或变形虫样，无鞭毛，不运动。

（二）诊断要点

1. 流行特点　虫体在外界不能长期存活，虫卵在外界则是重要的传染源，蚯蚓可机械性传播，主要经消化道传染。3～12周龄的雏火鸡、孔雀、鹌鹑和鸡的易感性最高，成禽感染成带虫者。本病四季发生，温暖潮湿的夏季多发，卫生管理不良、饲养管理差的场户可常年发生，拥挤、缺光、通风不良和维生素A缺乏可成为本病流行的诱发因素。

2. 临床特征　出现精神沉郁、两翅下垂、步态不稳，有的头部发绀变黑，闭眼呆立，拉稀或排带血便，雏幼禽的发病率与死亡率可达100%。成禽均呈慢性经过，出现进行性消瘦。

3. 剖检特征　特征性病变在肝脏和盲肠，具有诊断价值。一侧或双侧盲肠肿大、发炎、溃疡，内含干酪样栓子，外形似香肠；肝表面有圆形稍凹、淡黄色的坏死灶，大小不一，散在或弥漫散布。

4. 实验室检查　通常根据典型病变可确诊，必要时可采取新鲜的盲肠内容物，用少量生理盐水稀释制成悬滴标本，镜检可见虫体。

（三）防治措施

1. 预防

（1）及时清理粪便，堆积发酵，消灭病原。保持禽舍、运动场清洁卫生避免特禽直接食入虫体造成发病。

（2）同时驱异刺线虫、组织滴虫。定期用左旋咪唑（按每千克体重25毫克一次内服）驱除盲肠中的异刺线虫。异刺线虫卵为媒介是组织滴虫病的主要传播方式，驱异刺线虫在治疗该病中具有重要意义。

2. 治疗

（1）饲料中按0.025%浓度添加甲硝唑，连喂5天，停药3天，再喂5天。重者可按每千克体重直接服0.1克甲硝唑，每天2次。

（2）左旋咪唑　在停喂甲硝唑期间按每千克体重25毫克一次喂服。

（3）补充适量维生素K，以防止盲肠出血；补充维生素A，促进盲肠和肝脏组织的恢复；补充维生素C，促进肠道内铁的吸收，增强机体抗病力和防御机能。

四、禽毛细线虫病

本病由膨尾、有轮、鸽、鸭、捻转等多种毛细线虫寄生于食道、嗉囊及小肠引起的一种寄生虫病，我国各地均有发生，主要感染火鸡、鸽、珍珠鸡、雉鸡、鹌鹑和鸡、鸭、鹅等禽类。

（一）病原

1. 膨尾毛细线虫　虫卵椭圆形桶状，寄生于火鸡、珍珠鸡、雉鸡、鸽、鹌鹑等的小肠黏膜。雄虫长9～14毫米，尾部侧面各有一个大而明显的伞膜，交合刺很细；雌虫长14～26毫米，虫卵椭圆形，两端呈瓶口状，具卵塞。蚯蚓是中间宿主。

2. 鸽毛细线虫（封闭毛细线虫）　寄生于鸽、雉鸡、珍珠鸡、鹌鹑、火鸡等小肠和盲肠。雄虫长8.6～10毫米，尾部两侧有铲状的交合伞；雌虫长10～12毫米，虫卵大小为48～53微米×24微米，为直接发育型。

3. 有轮毛细线虫（环形毛细线虫或有轮优鞘线虫）　寄生于鸡、雉鸡、珍珠鸡、火鸡、鹌鹑的食道和嗉囊内。虫体前端有一个球状角皮膨大，雄虫长15～25毫米，雌虫长25～60毫米。蚯蚓是中间宿主。

4. 鸭毛细线虫　寄生于火鸡、雉鸡、鸭、鸡等盲肠，有时在小肠。雄虫长7～16毫米，尾部有两个侧叶；雌虫长16.4～24.8毫米；虫卵大小为50～65微米×27～32微米，不对称。

5. 捻转毛细线虫（捻转绳状线虫）　寄生于火鸡、鸡、鸭、珍珠鸡、雉鸡、鹌鹑的嗉囊和食道内。雄虫长14.3～16.6毫米，雌虫长28～70毫米，虫卵大小为46～70微米×24～28微米。

（二）诊断要点

1. 流行特点　多数毛细线虫感染很广，是多宿主的，通常由禽食入感染禽随粪排出的虫卵（含中间宿主）而感染，故传播流行甚广。

2. 临床特征

（1）感染膨尾线虫后出现肠炎，肠黏膜肿胀、组织增生，间歇性下痢，贫血，消瘦，严重的死亡。

（2）鸽毛细线虫感染，出现出血性肠炎，腹泻，消瘦，蹲缩一角，严重的死亡。

（3）捻转毛细线虫感染，引发食道和嗉囊炎症，出现食欲不振、下痢、消瘦。鸽感染后出现嗉囊膨大而压迫迷走神经，表现呼吸困难、运动失调和麻痹。

（4）有轮毛细线虫感染后嗉囊、食道发炎，出现严重贫血、营养不良、消瘦；火鸡、雉鸡和鹌鹑病例常发生死亡。剖检可见嗉囊壁肥厚、腺体肿大，在剥落的组织中有大量虫体。

3. 实验室检查　常用漂浮法，取粪便10克加饱和食盐水100毫升，混合。滤入烧杯中，静止40～45分钟后虫卵则上浮，用一直径5～10毫米的铁丝圈，与液面平行接触以蘸取表面液膜，抖落于载玻片上，加盖玻片后置显微镜下检查。

（三）防治措施

1. 治疗　常用的治疗药物有：左旋咪唑，每千克体重25毫克，口服；甲苯咪唑，每千克体重70～100毫克，口服；甲氧嘧啶，每千克体重20毫克，用灭菌蒸馏水稀释成10%溶液，皮下注射或口服。

2. 预防　本病的预防重点在于做好日常的卫生防疫和消毒工作，平时搞好禽舍卫生工作，及时清除粪便并发酵处理以杀灭虫卵。严重流行区，进行定期预防性驱虫。禽舍要建在通风干燥的地方，干燥环境不利于虫卵发育和中间宿主蚯蚓的生存。

五、禽蛔虫病

本病是由寄生于小肠的多种蛔虫引起的一种禽类最重要的线虫病。几乎所有驯养特禽和家禽都感染。本病危害重、分布广、感染率高。

（一）病原

1. 鸡蛔虫　主要寄生于火鸡、鸽、鹌鹑和鸡、鸭、鹅等肠道。虫体大、呈黄白色，头端有3片大唇；虫卵呈椭圆形，卵壳厚，呈深灰色，所排出的卵内含单个胚细胞。

2. 鸽蛔虫　虫体呈浅白色、圆柱形、两端略狭小，虫卵椭圆形。主要寄生于鸽、孔雀等肠道。

3. 珍珠鸡蛔虫　虫体小，主要寄生于珍珠鸡肠道。

4. 结合禽蛔虫　虫体外貌与鸡蛔虫相似，但虫体小。主要寄生于雉鸡、鹌鹑等肠道。

5. 异型蛔虫　主要寄生于火鸡肠道。

（二）诊断要点

1. 流行特点　感染禽类多、感染率高、危害重、分布广，感染性往往随年龄增大而下降，对雏幼禽会引起大批死亡或影响生长发育。饲料中维生素A、B族维生素缺乏可降低雏禽对蛔虫感染的抵抗力。

2. 临床特征　雏、幼病例出现精神萎靡，呆立，两翅下垂，羽毛松乱，可视黏膜苍白、贫血，下痢便秘交替出现，便中带血，消瘦，乃至死亡。成禽病例症状轻或不显症状。

3. 实验室检查　采取粪便检查虫卵或剖检见有虫体。

（三）防治措施

1. 治疗　治疗药物较多，常用的有：左旋咪唑，每千克体重20毫克，口服；驱蛔灵（枸橼酸哌嗪）每千克体重0.15～0.25克，口服；苯硫咪唑（每千克体重5～10毫克，口服）、噻苯咪唑、噻嘧啶、噻吩嘧啶等均有效。

2. 预防　本病的预防关键在于做好日常的综合性防治措施，清洁禽舍，及时清扫粪便进行堆肥发酵，定期消毒禽舍；加强饲养管理，喂以全价饲料，给以足够的富含维生素A、B族维生素的饲料，以增加禽对蛔虫的抵抗力；成禽与雏禽分开饲养。对易感禽群定期驱虫，每年2～3次。

六、禽绦虫病

本病是由不同的绦虫寄生于不同种禽不同肠段的寄生虫病。对雏禽危害要比成禽严重，几乎遍及世界各地。

（一）病原

1. 戴文绦虫　多见的有节片与火鸡戴文绦虫两种，虫体短小，头节小，孕节随粪便排出。禽由于吞食含有囊尾蚴的中间宿主蛞蝓或陆地螺感染。主要寄生于火鸡、珍珠鸡、鸽、鹌鹑和鸡的十二指肠。

2. 赖利绦虫　常见的有四角、棘沟、有轮赖利绦虫3种，前两种的中间宿主是蚂蚁，后一个中间宿主为蝇和甲虫。主要寄生于火鸡、雉鸡、珍珠鸡、孔雀、鹌鹑、鸽和鸡的小肠。

（二）诊断要点

1. 临床特征　雏禽病例出现拉稀便，呈淡黄色或混有血液的黏液状，减食、多饮，羽毛蓬乱，两翅下垂，头颈扭曲，有的出现痉挛等神经病状，最后消瘦死亡。成禽病例病状轻。

2. 剖检特征　肠管内有虫体，严重时成团引发肠阻塞，肠管扩张，肠黏膜脱落，甚至肠管破裂引发腹膜炎；肠黏膜上有小结节。

3. 实验室检查　取粪便、肠内容检查可见虫卵和孕节，剖检可见虫体。

（三）防治措施

1. 治疗　药物可选用硫双二氯酚、丙硫咪唑、溴氯酸槟榔碱等。

2. 预防

（1）加强日常的卫生防疫和消毒、杀虫工作。

（2）引入禽应经驱虫后混群。

（3）定期进行驱虫与及时清除粪便污染物。

（4）幼、成禽分开饲养，并定时进行检查、驱虫。

七、鸽毛滴虫病

鸽毛滴虫病是由鸽毛滴虫寄生在鸽上消化道而引起的一种原生虫病，几乎所有的鸽场都会发生，是幼鸽的主要病之一，其特征是咽喉黏膜处呈现明显的纽扣状的黄色干酪样坏死，且常与禽念珠菌病合并感染。

（一）病原

鸽毛滴虫是鞭毛虫纲、毛滴虫科、毛滴虫属的禽毛滴虫，是原生动物的单细胞鞭毛虫。虫体呈梨形或长圆形，前端有4根前鞭毛，虫体外披一片沿虫体边缘向后伸延的波动膜和一根伸出虫体末端的轴刺。虫体凭借上述器官在体液中作螺旋式运动，以分裂方式增殖，约4小时便可增殖一世代。对外界抵抗力不强，在20～30℃温度下的生理盐水中经过3～4小时便死亡。

（二）诊断要点

1. 临床特征　根据虫体损害部位的不同，鸽毛滴虫分为咽型、内脏型和脐型三种。

（1）咽型　此型较常见，患鸽表现吞咽困难及呼吸困难，消化紊乱食量减少，渴欲增加，排黄绿色粪便。幼鸽发病急，短期内发生呼吸困难而死亡。

（2）内脏型　患鸽精神食欲不振，羽毛松乱，喝水量大增，排黄绿色黏液性糊状腹泻，进行性消瘦。严重时食欲废绝，羽毛松乱，排淡黄色糊状粪，迅速消瘦和死亡。幼雏发病率、死亡率高。

（3）脐型　脐部红肿和发炎。

2. 剖检特征　食道黏膜有局灶性和弥漫性的黄白色的干酪样物覆盖，极易剥离，唾液黏稠，嗉囊空虚，肠道黏膜增厚。

3. 实验室检查　用棉签拭取口腔咽部或乳糜制成悬滴标本在显微镜下作活体观察，如发现具有运动性的梨形或类圆形有4条鞭毛的毛滴虫体即可确诊。

（三）防治措施

1. 治疗　已感染鸽群采用甲硝唑（灭滴灵）按每羽鸽子50～60毫克拌料，一天一次，连用3～5天，预防建议每月进行1次。同时要驱除鸽体内毛滴虫中间寄主（刺线虫），否则还会复发。

2. 预防　切断传染来源是预防本病的主要措施，特别在引种时，要认真检疫，杜绝引入带虫种鸽。

八、禽体外寄生虫

禽类易感、危害重的外寄生虫有蜱、螨、虱、蚤。

（一）蜱病

1. 病原　在我国大陆主要是波斯锐缘蜱和卷边锐缘蜱，前者体扁平、卵圆形，前部窄后部宽圆，吸血后呈红色至青黑色；饥饿时呈黄褐色；后者和前者外形相似，但体小。两者均吸食宿主血液，白天隐伏，栖息于舍、巢及建筑物、木制器具的缝隙内，夜间爬出活动。主要寄生于火鸡、鸽、鹌鹑、珍珠鸡、鸵鸟、野鸭、野生鸟和鸡、鸭、鹅等禽的体表。

2. 症状　幼禽感染后很快失血或死亡。出现发痒不安，常用喙啄羽，贫血，消瘦，冠苍白。后期出现翅垂下，皮肤有损伤和小脓肿。

3. 防治　常用的是人工灭蜱、杀虫药砂浴或喷洒杀蜱。禽舍内可用敌敌畏、马拉硫磷、溴氰菊酯等杀虫剂喷洒，缝隙也可用杀虫药粉剂堵塞或用黄泥、石灰堵塞，还要注意日常的清洁卫生。

（二）螨病

1. 病原与症状　常见的螨约有5种。

（1）膝螨

①病原　主要为突变膝螨和鸡膝螨，全部生活史在禽体上进行，成虫在寄生部位皮下穿行，形成隧道。寄生于火鸡、珍珠鸡、雉鸡、鹌鹑、鸽和鸡的胫部、脚趾部或羽毛根部，以吞食禽体皮肤组织为生。

②症状　寄生部位皮肤发炎，出现增厚、粗糙和龟裂，渗出物干后呈白色痂皮似“石灰脚”。鸡膝螨在毛根部刺激皮肤发痒，引发皮炎而出现皮肤发红、羽毛发脆易落；并出现食减、消瘦、产蛋下降和发育障碍等全身症状。

（2）鸡刺皮螨

①病原　又称红螨，虫体红色呈椭圆形，体表密布细毛，夜间吸血。主要寄生于火鸡、鸽、鸡等体表。

②症状　病禽皮肤出现小红疹、有痒感，贫血，消瘦，产蛋量下降，幼禽病例常致死。

（3）气囊螨

①病原　主要为寡毛鸡螨。虫体呈白色小点状，主要寄生于火鸡、雉鸡、鸽、鸡的气囊与支气管。

②症状　病禽气囊、支气管发炎，出现打嚏、咳嗽、呼吸困难、呆立、消瘦。

（4）鸡新棒恙螨

①病原　鸡新勋恙螨又名鸡奇棒恙螨、鸡新棒恙螨，属于恙螨科。成虫多生活于湿草地，以植物质液为生，幼虫营寄生生活

而寄生于火鸡、鸟类和鸡的翅内侧、胸肌两侧和腿内侧皮上，尤以幼禽为主，幼虫饱食后呈橘黄色，落地发育。

②症状　病禽主要出现叮咬奇痒、呈周围隆起、中心凹陷的脐状病灶，中央有小红点，用小镊子取出镜检可见到恙螨幼虫；大量寄生时可出现食减、垂头、体弱、贫血、消瘦，乃至死亡。

(5) 住囊鸡雏螨

①病原　住囊鸡雏螨又称禽皮膜螨，主要寄生于火鸡、雉鸡、鸽和鸡、鹅的皮下结缔组织、肌肉、腹腔和肺内。

②症状　在皮下、肺内形成结节，呈浅黄色，结节内可见虫体。出现肺功能异常病状。

2. 防治措施　本病的防治除做好日常的卫生、消毒、杀虫等工作外，也可用速灭菊酯、双甲脒等喷雾灭虫，并涂擦患部。也可皮下注射依维菌素。恙螨感染可用70%酒精或5%碘酊涂擦患部。

(三) 虱病

1. 病原与症状　我国主要的羽虱和羽虱病有下列几种。

(1) 鸡体虱　寄生于火鸡、珍珠鸡和鸡。

(2) 鸡羽虱　寄生于珍珠鸡、雉鸡、鸽、孔雀和鸡、鸭。

(3) 广幅长圆虱　寄生于雉鸡、鸡、鸭头部。

(4) 异形角虱　寄生于雉鸡和鸡体上。

此外，尚有寄生于鸽、鸡的鸽羽虱，寄生于珍珠鸡的珍珠鸡长羽虱和珍珠鸡体虱，寄生于火鸡的火鸡角羽虱等。

寄生虱终生不离禽体。临床上出现瘙痒不安，经常啄羽，羽毛蓬乱无光泽，部分羽毛脱落，食减，消瘦，皮肤上有叮咬伤痕，生长受阻，产蛋下降。

2. 防治措施

(1) 加强卫生管理与饲养管理，坚持消毒、杀虫、防野鸟。

(2) 用喷洒杀虫剂或药砂浴灭虫。

(四) 蚤病

在我国禽类中常见的有鸡角头蚤（毒禽蚤）、鸡角叶蚤，寄生于火鸡、鸽、野鸟和鸡及适应的吸血昆虫。

病禽出现痒感、不安，体表有小红疹，贫血，消瘦，产蛋下降，发育受阻。

在防治上，主要做好禽舍卫生、通风、消毒工作，同时用杀虫药喷洒，涂擦房舍、场地、墙壁、缝隙、用具和一切垫料污物。

第三节 普 通 病

一、嗉囊病

特禽的嗉囊病较多见，种类也多，病原也较复杂。

(一) 嗉囊炎

本病又称嗉囊卡他或软嗉病，为嗉囊表层黏膜炎性疾病。

1. 病因

(1) 嗉囊内容物腐败、发酵后刺激黏膜发生；

(2) 嗉囊积食和受损伤感染发生；

(3) 口腔炎症蔓延而发生黏膜卡他性炎症。

2. 症状　病禽出现精神委顿、食欲减退或废绝，频频伸颈，吞咽困难，嗉囊膨满，触摸嗉囊发软有痛感，内中有气体与液体。冠、肉髯发绀，两翅下垂，不愿活动，进行性消瘦。

3. 防治

(1) 用少量高锰酸钾或碳酸氢钠温水灌洗嗉囊，并倒提起用手挤压嗉囊使内容物排出。

(2) 于嗉囊内灌入或注入抗生素（青霉素，每次1万～2万单位），每天2次。

(3) 也可每半小时灌服一匙1%酒石酸锑钾溶液。或灌服碳酸氢钠1克、木炭末0.5克、植物油4毫升混合液。

(二) 嗉囊积食

1. 病因　主要由于饲养管理不当所致，诸如时饥时饱、暴食，过度喂给粗硬谷物或易膨胀的粉料，饲料混杂的硬杂物积留在嗉囊，以及食道疾病引发等。

2. 症状　出现精神沉郁，羽毛蓬松，食欲废绝，冠髯发紫，张口伸颈呼吸，两翅下垂，嗉囊膨大，触诊时可感觉嗉囊中有谷物或异物，嘴呼出酸臭气味，间或呕吐或流出淡黄色液体，呆立，渐消瘦。

3. 防治

（1）取2%碳酸氢钠液用胶管灌入嗉囊，然后倒提起按摩挤压嗉囊，促使内容物排出。也可用注射器自口腔注入植物油（豆油、香油等），并按摩嗉囊使内容物流出或吐出。

（2）利用外科手术切开嗉囊清除内容物，再用0.01%高锰酸钾液冲洗消毒后缝合，术后给予加有酵母片的易消化日粮。

（3）灌服薄荷浸剂100毫升、稀盐酸10毫升合剂，每次1匙，每天5～10次。

本病的预防在于加强日常的饲养管理工作。

（三）嗉囊阻塞

本病又称硬嗉，是由于嗉囊运动机能减弱而导致硬固内容物停滞在嗉囊内的阻塞疾病。

1. 病因　主要在饥饿时食入过量的干硬粒料（高粱、豆类等）所致；也可由于平时粗放管理食入混在饲料中的异物（金属碎片、毛发、塑料、骨片等）积聚在嗉囊引起。

2. 症状　出现精神沉郁、有痛苦感、拒食、呼吸迫促，乃至困难，频频张口并呼出酸臭气，嗉囊膨满呈凸出状，触摸有坚实感，冠髯发绀，多数不久即窒息死亡。有的转为慢性，嗉囊下垂。

3. 防治

（1）治疗　通常可从口中灌入植物油后，轻轻按压，以破碎内容物迫使排出；如若无效，也可手术切开嗉囊清除内容物后，用0.1%高锰酸钾液清洗消毒后缝合。

（2）预防　重点在于细心饲养，认真管理，如清除日粮中的异物，按时饲喂，切忌饱饥不均，以及做好环境卫生工作等。

（四）嗉囊弛缓

本病是一种嗉囊丧失收缩力的疾病，多见于中雏。

1. 病因　主要是饲养管理不当，诸如长期饲料单一，质量低下、粗劣，饲料中经常混有异物杂质，久而久之持续迫使嗉囊扩张而丧失收缩力，导致嗉囊弛缓。

2. 症状　出现精神沉郁、倦怠、食欲不振，继而逐渐废绝，羽毛蓬乱、无光泽，活动无力，嗉囊膨大而松弛，触摸有空软感，病雏低头时有酸臭味液体自口中流出。

3. 防治　无治疗价值，也无有效药物。必要时可手术切除部分嗉囊后再缝合。预防本病，关键在于加强日常的饲养管理，科学合理的搭配日粮，且要持之以恒。通常给雏不应喂给过多的粗料，沙子也不宜食之过多。

（五）嗉囊积液

1. 本病主要由于饲料中含盐量过高（计算错误、鱼粉含盐量高或混合不均），或饲料中蛋白含量过高，或患热疽病时饮水过多，或者摄取沙子过多等均能发生。

2. 症状　精神不振，倦怠，不愿采食、饮水，严重的出现呼吸困难，触摸嗉囊有波动感，倒提起时自口中流出水样物。

3. 防治　立即查明原因并排除之，然后将病禽倒提轻压嗉囊迫使内容物流出。

本病的预防关键全在于精心做好饲养管理和卫生管理工作。

二、啄癖

所谓啄癖就是啄羽、啄肛、啄尾、啄趾、啄蛋和啄肉等恶习。啄癖在任何年龄的特禽群中均可发生，但以雏鸡时期、生长换羽期和产蛋期为最多，轻者啄伤翅膀、尾基，造成流血伤残，影响生长发育和商品外形；重者啄穿腹腔，拉出内脏，甚至将肉吃光而致死。在特禽中轻型品种比重型品种易发生啄癖，而雉鸡又比其他特禽品种更易发生啄癖。

（一）病因

有很多因素将导致特禽啄癖的发生，但归纳起来主要有以下四个方面。

1. 管理方面

（1）禽群拥挤，密度过大　密度通常包括两方面内容：一是每只特禽占有的食槽位置大小；二是每平方米所容纳的特禽数。前者影响采食，后者影响空气环境。密度过大易导致空气污浊，引起啄羽、啄肛、啄趾等，禽群生长发育不整齐。采食和饮水位置不足，以及随意改变饲喂次数和推迟饲喂时间，也会导致啄斗。采食位置和饮水器不足时，处在群体序列下层的弱小者在吃料时总要受到强者的驱赶和攻击，只有在强者吃饱后才有机会采食，结果发育参差不齐，影响增重和均匀度。此外，高密度饲养导致鸡只之间紧密的接触，将逐渐产生厌倦情绪而引起啄癖。

（2）舍内环境不良　特禽舍内温度过高，湿度过大，通风不良，氨气、二氧化碳等有害气体过多，均破坏特禽的生理平衡，尤其在高温、高湿环境下，机体内热量散失受阻，烦躁不安，易发生啄癖。此外，生长期特禽当排泄物黏在脚趾上形成“趾球”时，将吸引其他成员啄趾，继而发展为啄羽、啄肛等恶癖。

（3）光照不适　光照过强易产生啄癖。产蛋初期，强烈光照可使肛门紧缩导致微血管破裂出血，引起啄肛；采用自然光照的高密度特禽群，中午啄癖较多，即光照过强所致。研究证实，高强度光照比低强度光照更能引起特禽啄癖现象的发生。在育雏舍内连续采用 24 小时的强光照，对于给弱小雏提供采食的机会几乎没有；而在正常的黑夜期间采用低强度光照，将降低啄癖现象的发生和改善羽毛的发育。光照强度以特禽能看到饲料和水即可，过暗时特禽看不清饲料和水，影响其生长发育和生产性能。夏天应避免阳光直接射入特禽舍。

光色也影响啄癖的发生，这是因禽类的眼睛对光色的吸收强度和不同光波的反应不同，禽类的行为表现也有差别。在灯光过亮或黄光、青光下，最易引起啄羽、啄肛和斗殴；灯光较暗或绿光、红光下，禽群较安定。因此，夏季最好将禽舍玻璃涂成红色或绿色，以减少啄癖的发生。

（4）饲料形状　平衡日粮加工成粗屑饲料是特禽的最佳食物。但若将饲料加工成颗粒状喂给，特禽将毫不费力地很快填满嗉囊，这样大部分时间显得空闲和“无聊”，将会增加啄癖的发生。

（5）饲养方式　与散养特禽群或野生状态下相比，舍饲或笼养的特禽群，每天供料时间短而集中，使大部分时间处于休闲状态，促进啄癖行为的发生。网上平养特禽若拥挤时，因运动减少，阻碍了群体序列的形成，在这种环境里，常发生啄癖。铁丝网地面饲养比平地饲养产生更高的啄癖率。

（6）设备不适　设备不适或粗糙的水槽、料槽等，既不能满足特禽的生活、生产需要，又可引起机体的损伤，最后均激发啄癖的发生。

2. 行为方面

（1）群落优势（或啄斗顺序）　在一个房舍或网舍内饲养的特禽一开始要经过啄斗过程才能使群稳定下来。如种雉鸡在开产前公、母合群后，需经过半个月左右时间的啄斗形成一定的顺序后才能使鸡群稳定下来。啄斗顺序的建立可能是有秩序的或非常具有侵略性；而过度的侵略可能造成其他成员的损伤。Pulliainen（1965）和 Hughes 等（1972）报道，群落优势和啄癖损伤程度之间呈高度相关。

（2）性侵略　在特禽中性成熟开始的标志是体内激素水平的剧烈变化，而激素水平的变化将导致其性侵略现象的发生。在特禽求偶期间雄性对雌性是最富有侵略性的，这时雌性的头部和背部最可能受到损伤，产生的伤口将给其他成员提供了啄的主要目标。

(3) 区域性防御　即使在独立的舍饲条件下，雄禽也设法建立交配区域，以保护与配雌禽。特禽网舍内过度拥挤将加剧雄禽对其交配领地的保护。

3. 营养方面

(1) 矿物质缺乏　日粮中缺乏矿物质，尤其是缺钙、磷或比例失调；锌、硒、碘、铜等微量元素缺乏或比例不当；食盐不足，硫含量不够等，均可引起啄羽和食血等恶癖。

(2) 粗纤维缺乏　大多数特禽对粗纤维的消化能力很差，尤其是育雏时期，粗纤维过多时会导致消化不良，严重时阻塞消化道。但粗纤维缺乏时，肠蠕动不充分，易引起啄羽、啄肛等恶习。

(3) 蛋白质不足或氨基酸不平衡　日粮中蛋白质含量低，尤其是缺乏动物性蛋白质，是诱发啄癖的重要因素。饲料缺乏含硫氨基酸，易发生啄羽、啄蛋。因此，有条件的尽量喂全价饲料。饮水中加入DL-蛋氨酸和维生素B_2，可提高特禽的生理耐受性，预防啄癖发生。含硫氨基酸中蛋氨酸的含量不宜低于50%。

4. 其他方面

(1) 年龄　啄癖现象在任何年龄段的特禽中均可发生，但啄趾、啄肛和啄羽在生长期野禽中最普遍，而啄肛、啄翼、啄肉的残酷恶癖在老龄特禽中常见。啄肛在多数例子中与产蛋期特禽输卵管的脱出有关，外翻的输卵管就吸引其他成员，并作为攻击的主要目标。

(2) 疾病因素　特禽群患球虫病、白痢、体表寄生虫、外伤和病理性脱肛，均易引起啄癖。当泄殖腔发生炎症或下痢时，因炎症或污物的刺激，特禽常感不适而自啄，别的成员也争着参与，起初被啄时站立不动，一旦啄伤出血，有痛感奔走时，已成众矢之的就无法逃避了。有外寄生虫病时，因寄生虫刺激使皮肤发痒，自啄常引起外伤出血，最后吸引其他成员追啄。

（3）换羽生理变化　特禽在培育过程中，均要经历绒羽到幼羽、幼羽到成羽的脱换生理变化。而换羽时期旧羽脱掉、新羽羽芽刚出，将成为采食和鸽啄的对象。如雉鸡在2～3周龄由绒羽换成幼羽，9～11周龄幼羽换为成羽，此时期的啄羽现象最易发生。

（4）心理因素　家养特禽饲料供应充足，无须觅食，缺乏运动；另外，心理压抑，如欲求愿望得不到满足，性活动受限制，没有砂池等，使特禽处于单调无聊的状态，以致发生互啄，从而养成啄癖。如公雉鸡群在每年的4～7月份繁殖期间，因得不到与配母雉鸡，一方面是采食量锐减和体重下降，另一方面是互相啄羽、啄肉，最终造成很高的死亡率。

（二）预防

为防止特禽啄癖的发生，建议采取如下的几项措施。

1. 日常管理措施

①给特禽提供充足的饲养地面或笼舍面积，以降低饲养密度；②将特禽群中出现的死禽、病禽和弱禽及时拣出去；③消除饲养舍内能引起特禽损伤的障碍物；④在一个稳定的特禽群中避免引入几只外来的新禽只；⑤限制外来人员和交通车辆接近禽舍；⑥提供充足的水槽和料槽；⑦避免特禽培育期间温度的突然变化，如需变化时应逐渐进行；⑧搞好禽舍的环境卫生，并在炎热的夏季，加强通风和降温工作。

2. 饲料营养措施

①提高特禽配合饲料的营养全价性，注意矿物质、粗纤维和蛋白质的缺乏及氨基酸的不平衡；②应避免配合饲料成分的突然变化；③特禽配合饲料宜采用干粉料，并补饲青绿饲料。

3. 适时断喙　适时断喙是最有效的降低啄癖的方法。

4. 佩带眼罩或头罩　给特禽（尤其是雉鸡）佩带眼罩或头罩，可降低啄羽、啄蛋等现象，这种办法在美国的雉鸡场应用较普遍。

5. 其他预防措施　给特禽网舍内提供适当的遮挡视线物或地面覆盖物（如种植玉米等作物）；在特禽圈舍内投放一些黄色或黑色的玻璃球（直径2～3厘米）或其他引诱物（也称“玩具”），也可减少啄癖的发生；使特禽的产蛋箱或产蛋窝设计得尽量黑暗，能抑制啄蛋等现象的发生。

三、痛风

本病是禽鸟类的一种尿酸血症，引起心包膜、肝、肾、输尿管、关节等器官组织出现尿酸盐沉积，病禽表现瘦弱、运动障碍和粪便中含有大量尿酸盐。

（一）病因

痛风的发生是多方面的综合因素作用的结果，主要可归结为两个方面。

1. 原发性的尿酸生成过多所致。这主要是饲料中蛋白质含量过高和维生素A缺乏，特别是禽核蛋白的动物性蛋白质过高，机体内核酸代谢异常导致肝脏、血液尿酸水平增高，肾脏排泄尿酸障碍而造成尿酸血症，并在肾脏、输尿管、关节、心包膜、腹腔和肝脏等部位尿酸盐沉积。由此可见，饲料中动物性饲料（含核蛋白）过多（如肉屑、肉粉、鱼粉、动物内脏等）或植物性饲料（含核蛋白）过多（如黄豆、豌豆等）则都能引发痛风病。

2. 引起肾损害的因素可使尿酸排泄障碍，导致痛风，此称为继发性痛风。关于这方面的因素主要有：钙过多及慢性铅中毒引起肾病变；维生素A缺乏引起肾小管、输尿管上皮细胞萎缩、角化和脱落；磺胺类药物中毒，引起结晶尿和肾损害，导致尿酸排泄受阻，发生痛风；镰刀霉菌毒素、黄曲霉毒素、传染性支气管炎、传染性法氏囊病、沙门氏菌病、单核细胞增多症、艾美耳球虫病和鸡毒支原体感染等，都可引起肾功能损害而继发痛风。

此外，缺水、B族维生素缺乏、禽舍过于拥挤、潮湿阴冷、阳光不足及白痢杆菌病等都对痛风病的发生有一定的促进作用。

（二）症状

本病多呈慢性经过，病禽食欲减退，逐渐消瘦，羽毛松乱，精神萎靡，禽冠苍白，不自主地排出白色黏液状稀粪，含有大量尿酸盐。母鸡产蛋量下降，甚至完全停产，个别发生突然死亡。其临床表现主要分为如下两类。

1. *内脏型痛风* 禽群中因内脏型痛风引发的死亡可以是零星出现，亦可大批发生，多为肾衰竭死亡。病禽的胃肠道疾病症状明显，如腹泻，粪便白色，肛门周围羽毛上常被多量白色尿酸盐黏附，厌食、虚弱、贫血，有的突发死亡。不同致病因素所引起的内脏型痛风其临床表现也不尽相同，维生素A缺乏多表现为消瘦，生长缓慢，而高钙（或）低磷其生前症状多不典型。

2. *关节型痛风* 关节型痛风一般呈慢性经过，病禽食欲降低，羽毛松乱，多在趾前关节、趾关节发病，也可侵害腕前、腕及肘关节，关节肿胀。初期软而痛，界限多不明显，中期肿胀部逐渐变硬、微痛，形成不能移动或稍能移动的结节，结节有豌豆大或蚕豆大小。病后期，结节软化或破裂，排出灰黄色干酪样物，局部形成出血性溃疡。病禽往往呈蹲坐或独肢站立姿势，行动困难、跛行、翅、脊椎等部位的关节，甚至肉垂的皮肤中也可形成结节性肿胀。

（三）剖检

内脏型病例多见肾肿大，呈花斑状，肾小管和输尿管内充满白色尿酸盐，心、肝、脾、肠系膜均覆盖一层白色尿酸盐，同时血液中尿酸盐、钾、钙、磷含量增高，钠含量低。关节型病例可见关节腔内充满白色尿酸盐，呈黏液状。关节型往往与内脏型混合发生。

（四）防治

1. *治疗* 尚无特效药供治疗。近年来，曾试用别嘌呤醇口服，作为黄嘌呤氧化酶的一种竞争抑制剂抑制黄嘌呤的氧化，减少尿酸的形成。

2. 预防　主要注意饲料中蛋白质含量不要过高，以给予均衡的全价营养为准。饲料中掺入少许沙丁鱼粉或少许牛粪（含维生素 B_{12}）可降低发病率，增加多维素和户外活动及饮水等也很重要。

四、佝偻病

本病是幼禽发育中由于饲料中钙、磷缺乏或比例不当及维生素D缺乏而导致骨细胞钙化不足引起的一种代谢病。

1. 病因　本病的发生与饲养管理直接相关，禽摄取的钙、磷不足、缺乏，或者钙、磷比例不当，或者维生素D不足，或者由于长期肠道疾病而影响营养素的消化吸收，从而阻碍了成骨过程中的完全钙化作用。

2. 症状　在病初通常出现异嗜癖，脚无力，嘴、脚、爪软而易弯，羽毛生长不良，继而出现骨变形，胸廓内陷，脊柱部、尾部向下弯，行走运步异常。

3. 剖检　骨骼变形易断，骨与肋软骨连接处的肋骨内侧有结节，呈串珠状，肋骨向下、向后弯曲，骨骼钙化不全。

4. 防治　对发病禽可每天滴喂维生素D（15 000单位/毫升）5～10滴，同时补加鱼粉和增加户外活动。在预防方面，主要是喂给全价营养的饲料，在幼禽更要注意供给富含钙、磷和维生素D的饲料，增加户外运动。

五、维生素缺乏症

特禽常见的维生素缺乏症有如下几种：

（一）维生素A缺乏症

维生素A对生长、维护视力和黏膜组织的完整与功能是必不可少的。据美国NRC的饲养标准：配合饲料中的维生素A量，种禽、火鸡为每千克饲料4 000单位，鹌鹑为5 000单位。

1. 病因

（1）由于原粮中含量低，加上饲料配方计算错误而造成配合饲料中维生素A缺乏。

（2）饲料受热、加工、紫外线等影响导致维生素A损失。

（3）自配饲料中缺乏青绿料所致。

（4）禽自身患有慢性肠道疾病，影响维生素A的吸收利用。

2. 症状　长期缺乏时出现消瘦、营养不良、羽毛粗乱而无光泽，衰弱。继而出现流泪、流鼻液、眼睑积聚干酪样分泌物乃至视力减退至失明。火鸡病例发生孵化率降低，雏火鸡死亡率增高；成公鸡的精子数和活力降低，畸形精子数增多。

3. 剖检　幼雏骨骼发育不良，口腔、食道黏膜上皮角化而呈白色斑点状，心、肝、脾、肾等器官组织有白色的尿酸盐沉着。

4. 防治

（1）治疗　可在饲料中加入10 000单位的维生素A制剂喂给。

（2）预防　主要补给富含维生素A的青绿饲料、青贮料，如胡萝卜、青干草、草粉等，但这些饲料应防止堆放过久、暴晒，以免维生素破坏。在饲料中也可添加新鲜鱼粉。

（二）B族维生素缺乏症

B族维生素有十余种，其主要功能是参与物质代谢，各种维生素的作用相关，常混合发生。

1. 病因　主要是由于饲料中缺少青绿饲料与麸皮等，再加上加工不当（过热）受到破坏都可引发维生素B缺乏症。常见的是维生素B_1（硫胺素）和维生素B_2（核黄素）缺乏症。

2. 症状　本病的共同症状是消化与运动机能障碍，羽毛粗乱无光泽，消瘦，产蛋量下降、孵化率低下；颈部肌肉萎缩，足趾卷曲和抽搐痉挛等神经症状。

3. 防治　通常混合饲料中已加有多维素，但养殖者应根据禽的种类、不同生长期和混合料具体情况，补加维生素B_1和维

生素 B_2，这在幼禽育雏期、产蛋期、炎热夏季和经常使用药物预防时更为重要。

（三）维生素D缺乏症

维生素D能促进胃、肠对钙的吸收，对禽的骨、嘴、爪和蛋壳的形成十分重要。按NRC标准，鹌鹑生长期日粮中为每千克饲料480单位，种用时为1 200单位；火鸡为每千克饲料900单位。

1. 病因　主要是饲料中缺乏或含量不足的维生素D，以及缺少日光照射等。简而言之，是饲养管理不科学、不合理造成的。

2. 症状　雏幼禽（尤其是鹌鹑、火鸡、珍珠鸡）在维生素D缺乏时，出现生长缓慢，骨软的佝偻病，嘴爪软而易弯，行走无力，羽毛发育不良而粗乱。成火鸡、鹌鹑和珍珠鸡病例产软壳蛋、薄壳蛋数量增加，随后产蛋量下降和孵化率下降。火鸡、鸵鸟等体型大的病例，往往容易发生骨折。

3. 剖检　以火鸡病例为例，雏火鸡病例的剖检特征为在肋骨与脊柱连接部呈串珠状，肋骨向下、向后弯曲。成火鸡病例的特征为甲状旁腺因增生而增大，肋骨软而易断，与肋骨连接部内侧出现结节，呈佝偻病性串珠肋骨，骨骼变形，胸部内陷等。

4. 防治

（1）治疗　病禽可口服维生素D制剂，首次剂量要大，约15 000单位，口服效果要比拌料更快而确切，但过量也有害。

（2）预防　注意日常的饲养管理，笼养禽的饲料中要补加维生素D、青绿料和日光照射。

（四）维生素E缺乏症

维生素E对包括特禽在内的动物的生理功能十分重要，既能促进生殖繁育，又是生物抗氧化剂。饲料中维生素E缺乏可引发禽类幼禽肌营养不良、脑软化、渗出性皮下水肿、不育、火鸡胚胎发育不良和关节肿大、肌胃肌肉萎缩，以及野鸭、番鸭肌萎缩等病症。驯养特禽均有发生。

1. 病因　维生素E广泛存在于植物种子与植物油中，青绿饲料中含量也很丰富，当饲料中缺少这些饲料而又不补加，就易发生缺乏症。此外，维生素E的化学性质很不稳定，在饲料中极易受到矿物质和不饱和脂肪酸的氧化、破坏，也易受物理因素（光、热、射线）的破坏，而导致禽类缺乏而患病。

2. 症状　雏幼禽病例主要出现脑软化与渗出性素质，如神经功能失常和皮下组织水肿；肌肉营养不良，即肌纤维变性坏死（白肌病）、萎缩。成禽病例则出现睾丸退化萎缩、生殖力下降，母禽产的蛋孵化率下降，在火鸡还出现跗关节肿大或呈弓形腿。

3. 剖检　当维生素E缺乏伴随硒、含硫氨基酸缺乏时的肌营养不良病变最为典型，即白肌病病变，肌肉纤维呈白色条纹、肌肉呈煮熟样，在运动肌上（心肌、翅肌、腿肌）尤为明显。小脑软化肿胀，脑膜水肿，有出血点。幼禽病例的头部、颈胸部下侧、大腿内侧皮下水肿，切开或穿刺有蓝绿色液体，皮肤呈红黑色或蓝黑色。

4. 防治

（1）治疗　首先应立即停喂原用饲料，换喂新鲜全价饲料。并立即口服维生素E 300单位，连用3～5天为一个疗程；也可同时皮下注射0.005%亚硒酸钠液1毫升/只；对重病例也可用每毫升含亚硒酸钠3毫克和维生素E 150单位制剂，每千克体重2毫升，皮下注射，但对患脑软化症的病例效果不理想。

（2）预防　调整饲料和饲料配方，增加青绿饲料和谷皮子实饲料，定期补给麦芽、谷芽或植物油。混合料贮存不得超过4周，必要时可在每千克饲料中加入0.1毫克亚硒酸钠和20毫克维生素E。应该说明的是，硒有毒性，长期使用容易引起蓄积中毒，通常每15～30天补给一次。硒的营养有效剂量为每千克体重0.03～0.04毫克，即能起到增重防病的作用；中毒剂量为每千克体重3～4毫克。

六、中毒病

凡能引起动物中毒的物质，通称为毒物。由于毒物的作用导致动物生理平衡状态的破坏而产生的一种病态，称为中毒或中毒性疾病。特禽鸟的中毒病不多。

（一）中毒原因

引起特禽鸟特别是驯养的特禽鸟中毒的原因有：

1. 因食入霉变或含有毒物质的饲料而引起中毒，诸如发霉的谷物饲料、颗粒料、预混料和含棉子酸高的棉子油等。

2. 因误食带有灭虫灭鼠药、农药的饲料引起的中毒，诸如污染有磷化锌、安妥、有机磷、有机氯等药物的饲料引起的中毒。

3. 因在防治疾病时由于用药不当引起的中毒。药物与毒物的界限只是一个剂量问题，当药量过高或浓度过高时就会引发中毒，这在特禽鸟中比较多见。

4. 食入含有微生物毒素的饲料后发生毒素中毒。

（二）常见中毒病

1. 呋喃药物中毒　呋喃药物主要包括呋喃西林、痢特灵（呋喃唑酮）和呋喃妥因；在特禽鸟疾病防治上有较好的效果，因而经常使用，但有一定毒性。当超量用药或长期连续使用可引发中毒，尤其是幼禽较为严重。

（1）病因　使用剂量过大或连续用药2周以上，或混合、搅拌不均匀等均可引发中毒。

（2）症状　一般在给药后3～4小时或更长时间即出现症状，中毒幼禽多突然表现神经病状，有的突然死亡，有的尖叫、摇头伸颈、向前冲跑；有的精神沉郁，闭眼缩颈，运动失调，倒地后不能站立，两脚伸直划动，角弓反张，衰竭死亡。

（3）剖检　以全身器官组织出血为特征。在胃肠道内见有被痢特灵染黄的内容物，黏膜充血、出血。病死禽肌胃角质层脱落，肝淤血、肿大，肠黏膜充血、出血，胆囊充满胆汁。

（4）防治

①治疗　尚无特效解毒药。立即更换新鲜的全价营养饲料并补给多维素。也可于饮水中加入10%葡萄糖液［40毫升/（只·天）］和适量维生素C与维生素K_3，连用3天；对重病例可灌服50%葡萄糖液2毫升/（只·天）和肌肉注射维生素C每千克体重5～10毫克，同时在饮水中添加复合维生素，连用3天，进行解毒。

②预防　严格按照规定用药，硝基呋喃类药物于2002年6月5日已被农业部列为禁用兽药，严禁在任何食品动物中应用。

2. 磺胺药物中毒　禽鸟对磺胺药物比较敏感，幼禽在用0.25%～1.5%磺胺二甲基嘧啶饮水或拌料或口服0.5克磺胺药时即可引发中毒。磺胺药可损伤肝脏、肾脏功能，也对消化系统和神经系统有毒害作用及引起机体过敏。

（1）症状　急性中毒时，出现兴奋不安、拒食、摇头伸颈，继而共济失调、肌肉震颤、痉挛、麻痹及呼吸、心跳加速、视力减退，重的很快死亡。慢性中毒时，出现沉郁、食减、喜饮，头部肿大，时而腹泻、时而便秘，粪便呈酱油色或灰白色，可视黏膜黄染，雏的死亡率增高，成禽的产蛋量下降，有的出现痛风症状。

（2）剖检　特征性病变是器官组织出血。肌肉有斑状出血点，肝、肾肿大，有出血点，肌胃、腺胃交界处黏膜出血，输尿管内尿酸盐沉积、堵塞，十二指肠出血，心外膜有出血点，脑膜充血、水肿。

（3）防治

①治疗　发现症状立即停药。供给新鲜饮水，饮水内可加入1%～2%碳酸氢钠和5%葡萄糖，每千克饲料中加维生素C 200毫克、维生素K_3 5毫克；连喂数天至症状消失，可以解毒。

②预防　应严格掌握和控制磺胺药的使用剂量，拌料要均

匀，连续用药时间不得超过5天，用药期间应同时提高饲料中的维生素K和维生素B的含量，并保持饮水充足。

3. 喹乙醇中毒　喹乙醇是淡黄色结晶粉末，微溶于水。具有对革兰氏阳性、阴性菌有抑制生长繁殖及提高饲料利用率、增重等作用，已广为使用。但其毒性较大，超过用量会引起中毒。

(1) 症状　病禽精神沉郁，食欲废绝，不愿活动，冠呈紫色，死前尖叫、挣扎，病死率与中毒程度有关。

(2) 剖检　肝脏肿大、色暗紫、质脆、切片糜烂多血，胆囊肿大，脾和肾肿大、充血、质脆，心脏内外膜、肠黏膜有出血点。

(3) 防治　尚无特效药物解毒治疗。只有采取立即停药，并供给新鲜充足的饮水，在饮水中可加入1%～2%小苏打、5%葡萄糖和维生素C、维生素K_3，连服数日至症状消失，进行解毒。

4. 有机磷中毒　有机磷农药是接触性剧毒农药，可以经消化道、呼吸道和皮肤吸收而使特禽中毒。其主要是引发胆碱触神经高度亢进的中毒症。

(1) 病因　①放养特禽（鸵鸟等）采食了喷洒有机磷农药不久的作物、青草、青菜等；②饮用被有机磷农药污染的水；③错误地用有机磷药剂治疗皮肤病、寄生虫病时引起。

(2) 症状　经由消化道、呼吸道中毒的病例，病程短而严重，出现先兴奋后抑制症状、出血、委顿、厌食、发育不良等。

(3) 剖检　可见胃肠黏膜充血、出血，黏膜容易剥落；肺充血、出血、肿大，气管内充满白色泡沫，肝脏肿大，肾脏浑浊肿胀、包膜不易剥离。

(4) 防治　立即采取应急措施，①立即撤除怀疑的饲料和水；②经皮肤污染致病的禽应用水清洗皮毛；③经口中毒的禽立即进行洗胃灌肠；④用盐类泻剂（硫酸镁、硫酸钠）灌服进行缓泻排毒，但不能用油类，如加用5%葡萄糖注射液、复方氯化钠、维生素C等可增加血容量，促进排毒、缓解中毒过程和保护肾脏、增强肝的解毒功能。

用特效解毒剂迅速解毒，静脉或皮下注射阿托平（胆碱触神经抑制剂）或静脉注射解磷啶、氯磷啶或双磷啶等（胆碱酯酶复活剂），促使已被磷酰化的胆碱酯酶恢复水解乙酰胆碱的功能。

在养禽场、户附近禁止存放、使用有机磷农药，在药用时应特别谨慎、严密。

5. 食盐中毒　食盐的功用在于保证机体的水和盐代谢平衡、渗透压稳定，保持体液正常的酸碱度等，以及增加食欲、协助消化、促进代谢等作用，但摄入过量也可招致中毒，尤以幼禽最为敏感多发。

（1）病因　饲料中因计算错误、搅拌不匀、鱼粉含盐量过高与过量，以及饮水严重不足等均可引发本病。

（2）症状　轻度中毒病例仅出现饮水量增加，粪便稀薄或混有稀水，造成舍内地面潮湿。重度中毒病例出现精神不振，食欲废绝，渴欲增加而无休止地饮水，口鼻流黏液，嗉囊膨大，腹泻，步态不稳或瘫地，后期昏迷、呼吸困难，有的出现头颈弯曲、挣扎、仰卧等神经症状。

（3）剖检　特征性病变是皮下组织水肿、肺水肿、腹腔和心包积水，胃肠黏膜充、出血，肾和输尿管沉着尿酸盐，脑膜血管充血扩张。

（4）防治　应急措施是：首先更换含盐过多的饲料；其次对轻度中毒病禽供给充足的新鲜饮水，即能恢复正常；第三对重度中毒病例要避免一次供给过多的淡水，以免加剧水肿，应采取每1～2小时有限地供给淡水。对急性病例任何措施都无效。

6. 野鸭肉毒梭菌毒素中毒（鸭软颈病）

本病食入肉毒梭菌毒素引起的以运动神经麻痹、头颈无力下垂为特征的毒素中毒病，在野鸭多发。

（1）病因　污染毒素的食物的来源：一是污染肉毒梭菌后产生的毒素，二是饲料被毒素污染；食了沟、塘、湖、河边污染死

亡腐烂的鱼、虾等尸体发病，采食了田间渠边的腐败变质污染毒素的小动物尸体后发生，摄取了加有被肉毒毒素污染的鱼粉饲料而发生。

(2) 症状　一般在食入毒素1～2小时或1～2天即出现症状，病鸭沉郁、拒食、嗜眠、口流黏液，头颈软弱无力向前下方下垂，翅、腿肌麻痹下垂伏地，有的出现腹泻、呼吸困难、泄殖腔外翻，昏迷而死亡。

(3) 剖检　无明显病变，仅见胃肠黏膜有卡他性炎症变化和出血，尤以十二指肠明显，脑实质有出血病变。

(4) 防治　早期可皮下或肌肉注射多价抗毒素血清（经定型后也可用单价血清）2～4毫升，必要时在12小时后重复注射一次，也可做腹腔注射。也可灌服泻剂排毒，如灌服2～3克的硫酸镁水，以清除排除胃肠内的毒素。在预防上主要是加强饲养管理，搞好鸭场的环境卫生。在我国的污染场户和地区可用肉毒梭菌C型类毒素进行定期的免疫预防。

七、鸵鸟胃阻塞

鸵鸟采食一些砂石子和大量粗纤维乃是正常生理需要，但若食入过多或夹杂一些铁丝、碎塑料等杂物，则容易发生胃阻塞，这在鸵鸟是一种常见病。6月龄育成鸟多发，发病率为4%～20%。本病大致有砂阻塞、草阻塞和异物阻塞三种。

（一）病因

1. 饲养管理不当，如日粮不稳定，时好时差、时早时晚，在饥饿时暴食、快食引起。

2. 迅速更换饲料，当换优质、适口饲料时，过量采食而致病。

3. 使用的沙子、垫料等质量低劣、混有杂物，食后引发。

4. 鸟有异嗜癖而食入大量砂石、异杂物所致。

5. 由于存在胃肠炎等疾病而影响消化，诱发胃阻塞。

（二）诊断

通过以下检查可以诊断出鸵鸟胃阻塞。

1. 通过调查了解饲养管理情况，查出各方面存在的问题。

2. 观察鸵鸟表现，一般病鸟出现食减、拒食，排便时里急后重，频频排出乳白色水样液，喜饮水，继而精神沉郁、运步无力。

3. 听诊腹部蠕动音微弱或缺如，腹部触诊膨胀有实感。

4. 剖检可见胃内充满砂石杂物和残留纤维。

（三）防治

将患鸟移至安静、清洁卫生、水泥地或草地场所进行治疗。对不完全胃阻塞病鸟可做腹部按摩，促进蠕动而使阻塞物后移；也可用胃管灌入温水将胃内容物洗出；对尚有食欲的鸟可灌入液体石蜡、植物油或硫酸镁液（每千克体重 0.4～0.8 克）进行治疗。对完全胃阻塞病鸟可做腺胃切开手术治疗，手术不难，又有效。

八、鸵鸟衰竭综合征

鸵鸟衰竭综合征又称鸵鸟衰弱综合征。于 1995 年首次发现于澳大利亚的驯养鸵鸟中，其特征为：多发生于 6 个月龄内的雏幼鸟，并消瘦、衰竭死亡为终结，由此而得名。据报道，本病在我国鸵鸟群中的死亡率约占死亡总数中的 34%。

（一）病因

至今尚无定论。多数学者认为可能是由一种因子与多种因素所致。

1. 病毒　多数学者推定是反转录病毒，抑制了免疫系统，导致病鸵鸟的骨髓红细胞耗尽，抵抗力持续下降。

2. 细菌　从发病病雏幼鸟多种器官分离到绿脓杆菌；肺和气囊分离到曲霉菌；肠道分离到空肠弯曲杆菌、隐孢属菌等，从而导致肠管损伤、营养吸收障碍，出现一系列的症状。

3. 长期生理应激，如长期饲料低劣，营养不全、不足，影响幼鸟生长发育，甚至导致一些器官功能不全；特别是一些氨基酸、维生素与微量元素缺乏，导致免疫器官发育不良、炎性反应降低、法氏囊萎缩等，引发生理调节功能异常。

（二）诊断

1. 发病特点　6月龄内的雏幼鸟多发，平均死亡率56%～94%，但也有报道，大部分死亡发生在1月龄内的雏鸟。

2. 临床症状　病鸟早期精神萎靡，食欲不振乃至废绝，闭眼呆立，头颈弯缩呈S形，出现浊咳，有的下痢或粪便干硬，继而发育生长停滞，消瘦，羽毛脱落，常在夜间、早晨死亡。

3. 剖检　尸体消瘦，腹水量增加并含有纤维素，前胃扩张，肠腔内有糊状物，小肠黏膜充血、水肿，结肠远端内容物呈粒状。血液呈水样，骨髓色淡，脾和胸腺缩小。有的则出现继发性肠炎、鼻炎、气囊炎和胃炎或脾、胃、肾等器官弥漫性败血症变化。

（三）防治

目前尚无有效的治疗办法。据澳大利亚学者介绍，建议将原场地、圈舍空出后清扫、消毒，空置一定时间，同时在清净地区（场）孵化育雏，最后再启用原圈舍饲养。加强饲养管理，改善饲养区的卫生防疫条件，以及减少内外环境中的应激因素等，都是预防本病发生的重要措施。

参考文献

卜柱，厉宝林，赵振华等.2010.中国肉鸽主要品种资源与育种现状［J］.中国畜牧兽医（6）.

何艳丽.2010.肉鸽高效养殖技术一本通［M］.北京：化学工业出版社.

黄峰，常洪，常国斌.2005.国内鹌鹑资源及其养殖现状和发展前景［J］.吉林畜牧兽医（2）.

李生.2008.珍禽高效养殖技术一本通［M］.北京：化学工业出版社.

廖俊桃.2011.鸽毛滴虫病的诊断与治疗［J］.畜禽业（2）.

林春艳，金忠庆，王喜军.特禽孵化的管理技术［J］.中国畜禽种业，2010（7）.

刘刚，姜海涛.2008.乌鸡的催醒方法［J］.特种经济动植物（7）.

刘志超，郭兴海，唐绍楠.2007.浅谈禽类疾病的抗生素治疗［J］.家禽科学（2）.

吴琼，杨福合，邢秀梅.2009.雉鸡的品种特性与开发利用研究［J］.上海畜牧兽医通讯（1）.

中国鸵鸟养殖开发协会.2011.中国鸵鸟业［M］.北京：中国农业出版社.

图书在版编目（CIP）数据

特禽高效饲养与疾病防治7日通/刘晓颖，刘继忠主编．—北京：中国农业出版社，2012.1
（养殖7日通丛书）
ISBN 978-7-109-16378-2

Ⅰ.①特…　Ⅱ.①刘…②刘…　Ⅲ.①家禽—饲养管理②禽病—防治　Ⅳ.①S83②S858.3

中国版本图书馆CIP数据核字（2011）第269416号

中国农业出版社出版
（北京市朝阳区农展馆北路2号）
（邮政编码100125）
责任编辑　王玉英

中国农业出版社印刷厂印刷　　新华书店北京发行所发行
2012年1月第1版　　2013年5月北京第2次印刷

开本：850mm×1168mm　1/32　　印张：6.75
字数：165千字
定价：22.00元